U0306504

犬护理指南

如何让犬保持健康和快乐

英国 DK 有限公司 著 任 阳 主译

中国农业科学技术出版社

犬护理指南

如何让犬保持健康和快乐

DK

著作权合同登记号：01-2022-5421

图书在版编目（CIP）数据

犬护理指南：如何让犬保持健康和快乐 = COMPLETE DOG CARE—HOW TO KEEP YOUR DOG HEALTHY AND HAPPY / 英国 DK 有限公司著；任阳主译 . -- 北京：中国农业科学技术出版社，2023.1
ISBN 978-7-5116-5943-9

Ⅰ. ①犬… Ⅱ. ①英… ②任… Ⅲ. ①犬病—护理—指南 Ⅳ. ① S858.292-62

中国版本图书馆 CIP 数据核字（2022）第 180909 号

责任编辑　张志花
责任校对　王　彦
责任印制　姜义伟　王思文

出 版 者　中国农业科学技术出版社
　　　　　北京市中关村南大街 12 号　　邮编：100081
电　　话　（010）82106636（编辑室）　（010）82109702（发行部）
　　　　　（010）82109709（读者服务部）
网　　址　https://castp.caas.cn
经 销 者　各地新华书店
印 刷 者　广东金宣发包装科技有限公司
开　　本　195 mm × 235 mm　1/16
印　　张　12
字　　数　310 千字
版　　次　2023 年 1 月第 1 版　2023 年 1 月第 1 次印刷
定　　价　128.00 元

◀━━ 版权所有·侵权必究 ━━▶

For the curious
www.dk.com

目　录

△ **打理需求**
无论是短毛、长毛还是卷毛犬，所有品种的狗都需要定期打理，这样可以让它们保持最佳状态。

△ **一生的朋友**
选择一只幼犬或成犬加入家庭是一件令人兴奋的事，但同样伴随着重大的责任。

△ **室外活动**
经常运动对狗的身心健康至关重要。无论是"自由奔跑"、在主人的牵引下散步还是玩接球游戏，都是宠物主人和狗可以一起享受的美好时光。

主 译

任 阳

博士，毕业于浙江大学动物科学学院，动物营养与饲料科学专业，毕业后从事动物营养研发工作，现任上海福贝宠物用品股份有限公司研究院院长，主持犬猫营养研发工作。

参 译（按姓氏笔画排序）

田 甜 李智华 吴 瑶 汪 毅 张礼根 张亚男
郑 珍 党 涵 郭天龙 唐一鸣 黄 莉 梁 钧
潘晓影 戴慧茹

前 言

宠物主人和狗之间可以建立相互受益的关系。狗与人类已经共存了数千年，如今它们仍然执行着许多重要的工作——不仅仅是人类的忠诚伴侣和深受喜爱的家庭成员。狗的所有需求都取决于宠物主人，而宠物主人的责任是保持其身体健康，并给它们机会表达需求。本书将为读者全面介绍基本的犬护理知识，从开展定期体检到制定训练基本规则，目的是让宠物主人和狗一起过上幸福健康的生活。

△ **优秀的狗**

定期开展短时间训练项目是教会狗基本指令的最有效方法。对于狗来说，训练应该是有趣的、积极的、有奖励的。

在决定养狗之前，需要做好准备工作并制订计划。如果是第一次养狗，本书会指导读者如何选择一只适合自己家庭环境和生活方式的幼犬或成犬，并概述了主流品种以及其特定的训练、打理和运动需求。本书的建议还涉及在养狗之前如何把家布置得安全舒适，如何帮助宠物适应主人的家庭，包括让它习惯其他家人和其他宠物，以及在旅途中或宠物主人外出时如何照顾它。

所有的狗，不分体型大小、年龄或品种，都需要宠物主人在饮食、运动、游戏和打理等方面给予一定的日常照顾和关注。狗需要健康均衡的饮食以满足其营养需求。本书会向宠物主人展示如何根据狗的年龄和活动量来调整饮食，并会详细介绍存在健康隐患甚至有害的食物。此外，本书还会提供关于运动和游戏方面的提示与技巧，以及梳理和洗澡方面的指导，可以帮助宠物主人给予爱犬最好的照顾。

基础训练是宠物主人和狗之间建立良好关系的基础——在这种关系中，宠物主人是一个温和但高

△ **皮毛瘙痒**
即使是经常打理的狗，也会有跳蚤和虱子，但通过定期的预防治疗，它们很容易被控制。

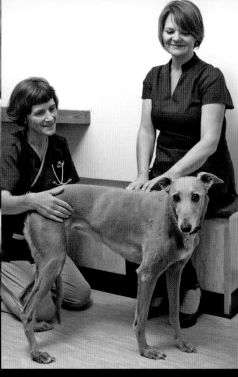

▽ **健康的狗**
宠物主人应在家中对狗进行全面检查并定期带它去宠物医院体检，以确保其总是处于最佳状态。

△ **特殊护理**
当狗步入晚年时，它会需要获得更多的帮助和关注，有很多方法可以让它过得更舒适，即使是一些很小的改变也会让它的生活质量得到很大提高。

效的"领队"。人类之间建立友谊的方式不适用于人与狗。如果狗相信宠物主人是一个坚定且善良的"领导者"，那么它们会感到非常安全。无论养的是幼犬还是老年犬，本书都提供了具有建设性的训练方法并会指导宠物主人如何安排训练项目，以便于狗能够理解和接受。本书还会指导宠物主人如何循序渐进地教授基本指令，如"坐"和"等"，以及如何训练狗在散步时佩戴牵引绳；此外，还有一些有趣的社交活动，如犬类运动会和敏捷性比赛等。

要想成为一个优秀的宠物主人，重点是要保持狗的身体健康，并能及时处理各种疾病或伤痛。本书有助于宠物主人初步了解狗生命的某个时刻影响其健康的疾病；最重要的是，可以帮助宠物主人判断什么时候必须带狗去宠物医院就诊。本书还罗列了狗健康和不健康表现的检查清单，并建议宠物主人经常检查自己的狗或带它去宠物医院做定期体检，还包括如何避免不常见的健康问题的重要提示。从心脏病这类严重疾病到跳蚤叮咬这种轻微但会引起不适的小毛病，本书涵盖了所有犬健康问题方面的信息，以及在它康复期间

的护理建议。

狗受伤和遇到紧急情况对宠物主人与狗来说都是可怕的。本书涵盖了拯救生命的基本原则，并会指导宠物主人如何通过最初的必要步骤来处理伤口和其他严重情况，还建议宠物主人避免狗体温过低和中暑等危险。如果宠物主人能掌握基本的犬类急救知识，在遇到紧急情况并需要急救时，就不会慌张并会感觉一切都在自己的掌控之中。

对于宠物主人来说，很难抗拒亲自养育幼犬这种想法。然而，繁育需要非常谨慎且要有责任心。一旦决定这么做，本书提供了繁育方面的建议供宠物主人参考，也有在母犬怀孕、产仔和哺乳幼犬时期如何进行护理的详细资料。本书还指导宠物主人如何照顾出生一周的幼犬并帮助它们成长，以及为它们寻找一个有爱且安全的新家。

养狗是长期的承诺，并伴随着重大的责任，但对宠物主人和狗来说，双方都有丰厚的回报。阅读本书，宠物主人可以找到养狗所需的一切信息和建议，以确保自己在未来很多年都拥有一只听话且健康快乐的犬伴侣。

1

欢迎
新成员

成为狗的主人

狗可以为家庭带来欢乐——但狗也是复杂、聪明的动物，它们需要宠物主人细心的照顾和关怀。所以养狗是一项责任重大的事情。

首要考虑

在购买或收养一只狗之前，需要非常认真地考虑一下想要什么类型的狗，以及打算如何照顾它。记住，狗最长可以活18年；宠物主人是需要照顾它们一辈子的。

首先，需要确保狗是适合自己的宠物。要考虑一下，自己有时间去照顾、训练和陪它玩耍吗？自己能负担得起养育它的开销吗？家庭环境适合吗（详见第24~25页）？家里有其他的宠物或非常年幼的孩子吗？家里有人对狗过敏吗？

提前确定好心仪的品种（详见第20~23页）。但请记住，性格比外表更重要。并且需要考虑清楚自己能否应对一只精力充沛的狗，还是更倾向于一只安静的狗？需要一只对孩子友好的狗吗？大型犬可能需要更多的照顾，也需要更多的食物，这会是一笔不小的开支，所以无论选择大型犬还是小型犬，这些问题都需要提前考虑清楚。

多大年龄的狗是最好的选择？幼犬在成长的过程中会学会适应家庭的日常生活，但刚开始需要给予它们更多的照顾，并且应避免让它们长时间独处。所以，如果家中经常是无人的状态，那么最好还是收养一只成犬。

喜欢公犬还是母犬？公犬往往更亲人，但在训练过程中很容易分心。未绝育的公犬具有攻击性，而母犬对待孩子则比较温柔。

> "**养狗所需要的**费用并不低，**所以要确保能**负担得起它们的饮食起居费用。它们**还**需要**大量的**陪伴，**尤其是幼犬。**"

△ **梳理**
所有的狗都需要定期梳理和洗澡，在洗护方面，长毛犬则需要花费更长的时间。

◁ **试养**
将照顾朋友或亲戚的狗作为一个机会，以此提前了解自己是否真正适合养犬。

▷ **家庭宠物**
如果家庭中有年幼的孩子，尝试让孩子接触不同品种或类型的狗，以了解孩子对狗的喜好。

狗的基本护理

养狗所需要的费用并不低，所以需要确保能负担得起它们的饮食起居费用。养一只宠物狗需要的费用包括：

- 每周的食物——食物是主要的支出，尤其是对大型犬来说。
- 宠物保险——不同保险公司的保费差别很大，并且取决于狗的年龄和品种，还有居住地。
- 用品，如项圈、牵引绳、食盆、狗窝和药品。
- 备用金，如宠物医疗的费用或寄宿犬舍的费用。

计算一下自己每天有多少

▽ **了解品种**
在狗展上，甚至在训犬基地中，要抓住机会观察不同品种的狗，这样就可以了解它们的习性和样貌。

时间可以花费在养狗这件事情上。什么时候喂食、什么时候遛狗——或者是否有其他人可以代劳？所有的狗都需要运动和精神刺激，有些狗每天至少需要一个小时的运动量（详见第44~47页）。狗需要很多的陪伴，特别是幼犬。此外，狗需要定期梳理和洗澡。长毛犬则需要更频繁地梳理，一些品种犬需要定期进行专

宠物主人的责任

- 每天提供营养丰富的食物和清洁的水。
- 使狗能够表达正常的行为。
- 满足它对陪伴的需求。
- 保护它免受疾病和伤害，生病及时治疗。
- 为它佩戴带有联系方式的项圈，以防走失。
- 及时清理它的排泄物，在公共场所能够控制住它。

业的美容护理。

宠物主人需要为狗的动物福利负责，就这一点，许多国家甚至用法律来约束宠物主人。基本的职责包括：确保狗有一个安全的地方居住，不挨饿，给予大量的陪伴（见上框）。作为宠物主人，还需要确保狗不会伤害它自己或其他人或动物。

圣伯纳犬

迷你杜宾

英国可卡犬

斯塔福郡斗牛梗

德国牧羊犬

比格犬

加拿大爱斯基摩犬

选择幼犬

幼犬是可爱的，它们会在成长中适应家庭生活，但需要更加精心的照顾和训练。最好是从它的出生地那里购买或领养，并在决定购买或领养之前与幼犬见面。

从哪里获得幼犬

如果倾向于纯种幼犬，可以向国家养犬俱乐部、品种协会或动物福利慈善机构咨询自己所在地区有哪些优秀的繁育者。如果倾向于杂交犬，通常可以从收容所甚至认识的人那里收养幼犬。

最好直接从繁育者那里购买幼犬。不建议通过广告购买，因为通常无法追溯幼犬的来源。还要避免从宠物店购买，宠物店可能会造成幼犬的精神创伤，并且幼犬的来源可能是非正规繁育犬舍。永远不要在没有见过幼犬的情况下购买它，也不要冲动购买。

拜访繁育者

好的繁殖者会给幼犬提供一个类似"家庭"的环境，这为幼犬的成长开了一个好头。还要观察幼犬是否和它们的母亲住在一起，避开那些只展示幼犬，而隐瞒其他情况的繁育犬舍。

找一个允许购买者和幼犬独处的繁育犬舍。观察这些幼犬是否养在室内，是否能够接触到许多人。注意观察它们是否习惯住在房子里——例如，被正常的家庭噪声吓到，如电话铃声。查看一下幼犬的父母亲（如果它们在场的话），它们是否友好，是否接受过与该品种相关的遗传性疾病筛查？检查一下犬舍的环境是否干净，气味是否清新，以及幼犬的睡眠区和如厕区是否分开？

繁育犬舍的工作人员可能会问收养者之前是否有养犬经验，或者打算如何照顾幼犬。收养者也有机会向犬舍工作人员提问，幼犬是否已进行驱虫和疫苗接种，是否接受退货？犬舍会在购买幼犬后的前几周给予建议（详见左框）。

△ **母犬和幼犬**
幼犬应该和它们的母亲及兄弟姐妹住在一起。并且犬舍应该允许购买者查看母犬以及同窝幼犬。

> **"永远不要在没有见过幼犬**的情况下购买它，也**不要冲动购买。**更不要因为**怜悯**而购买它。"

宠物主人需要从犬舍处获取的信息

- 血统证明。
- 品种注册文件。
- 疫苗接种证明。
- 驱虫记录。
- 声称幼犬健康的保证书，后续可去宠物医院进行体检。
- 食物清单，当前幼犬采食的犬粮小样。

△ **家庭决策**
选择一只幼犬对孩子们来说是一次激动人心的情感体验。在孩子见到幼犬之前，先尽可能地挑选一只心仪的幼犬，以确保领养过程顺利。

▷ **收容所**
收容所偶尔会提供被遗弃、孤儿或主人不得不放弃它们的幼犬。由于这些幼犬的早期生活比较艰辛，所以它们需要特别的照顾。

选择幼犬

幼犬应该是亲人的，并且喜欢被人抚摸。一只猛扑过来的幼犬，说明它具有攻击性以及极具个性，这增加了训练难度。对待喜欢到处躲藏的幼犬要极具耐心，以确保它不会成长为一只神经紧张的成犬。永远不要因为怜悯而选择一只幼犬！

留意观察任何不健康的迹象，如流泪或流鼻涕、腹泻、孱弱、腹胀、毛色暗淡或毛发结团。

如果家中有孩子，先独自一人去看幼犬，做出了初步的选择后再带孩子去看。

选择成犬

尽管幼犬很可爱，也很有吸引力，但是一只不需要那么多训练的成犬，更能适应宠物主人的生活方式。可以从收容所，甚至从认识的人那里领养成犬。

收容所

最常见的渠道是从收容所领养成犬。一些收容所由慈善福利机构经营并为不同体型和年龄的狗寻找新家。另外，还有机构专门致力于解决特定犬种回归家庭的问题，如比赛生涯结束后的灵缇犬，或有特殊护理和训练需求的狗，如杜宾犬和斯塔福郡斗牛梗。有些品种协会提供犬类救援服务，相关信息可以通过品种协会的网站进行查询（详见第185页的联系方式）。

成犬将会花时间来适应宠物主人；然而，它可能已经接受过家庭训练以及变得社会化了。在收容所，工作人员会对狗的性情进行评估，以便收养者了解它们是适应城市环境还是乡村环境，是否对其他宠物和儿童友好，以及它们是否需要与同伴一起生活。无论是纯种狗还是杂交狗，最明智的做法是基于性情而不是外表去选择领养哪只狗。收养者可以在收容所多了解一些关于狗的主要特征及相关信息。

◁ **救助狗**
所有的狗都需要一个充满爱的家，但来自收容所的狗尤其需要主人特别的照顾和足够的耐心。在决定它是否适合领养之前，要先了解这只狗。

◁ **家庭采访**
收容所的工作人员会采访收养者的所有家庭成员，以此了解其家庭情况和日常生活，这样就可以决定哪只狗最适合他们。

> "成犬会**花时间来适应主人**，但它可能**已经被社会化**了。"

进行评估

收容所的许多狗都有过艰辛的经历，如与前主人的分离，被遗弃或虐待，所以工作人员很希望它们去一个有爱的、能够保护它们的家。收养者需要填写一份申请表，并参加收容所的面试（可能要和其他家庭成员一起参加），以及在被允许收养宠物之前让收容所的工作人员检查其居住环境。

作为回报，收养者将有机会提出问题以及挑选心仪的狗。狗可能已经绝育和植入了微型芯片，并且在被交给收养者之前也进行了健康体检。收养者需要支付一笔收养费，包括新手食物礼包、关于护理和行为问题的建议，以及对宠物保险和养狗开销等的指导意见。

退役的灵缇犬
退役或不再适合奔跑的灵缇犬通常会被送到收容所，但这些温和、优雅的狗可以成为优秀的家庭伴侣。它们喜欢追逐，与它们玩耍也十分有趣。

选择品种

无论已有心仪的品种，还是仍在犹豫，以下这部分信息将有助于确定最适合自己生活方式和偏好的犬种。

品种分类

世界上有数百个犬种，国际组织根据其血统或当前用途对品种进行了分类。狗的性格主要是由环境和饲养过程决定的，但品种分类也能让宠物主人大致了解它们的需求。

■ 工作犬——这个类别包括警犬和牧犬。它们很容易训练，但需要大量的体力和脑力运动来保持愉悦。

■ 尖嘴犬——最初用于北极地区的工作，这些狗精力充沛。

■ 视觉型狩猎犬——运动敏捷，能独立狩猎，具有强烈的追逐天性，需要加以控制并给予表达天性的机会。

■ 嗅猎犬——嗅猎犬倾向于群居，对家庭很友好。这些狗喜欢在户外四处嗅寻。

■ 梗犬——善于抓捕小型动物，性格坚毅勇敢，有着强烈的挖掘天性，如果它们感到无聊，就会因为天性使然做出破坏性行为。

■ 枪猎犬——这些友好的猎犬是很好的家庭宠物。它们喜欢潮湿、泥泞的地方，因此，需要额外打理。

■ 伴侣犬——这些品种主要用于家养或玩赏，大多体型小且易于饲养。

参考图表

在选择品种时，需要考虑生活方式和家庭环境，大型犬需要足够的空间，有些品种需要更长的训练时间。梳理毛发的频率也有不同，较低频率的只需要每周梳理，每周2~3次则是中等频率，更高频率的需要每天梳理。运动需求也从每天30分钟（低）、每天1~2小时（中）到每天2小时以上（高）不等。

工作犬							
	德国牧羊犬	边境牧羊犬	威尔士柯基犬	罗威纳犬	沙皮犬	拳师犬	大丹犬
体型	大	中	小	中	中	中	大
运动需求	高	高	中	高	中	高	高
梳理频率	中	中	低	低	低	低	低
可训练性	容易	容易	较容易	较容易	较容易	较容易	较容易

尖嘴犬

	西伯利亚雪橇犬	萨摩耶犬	挪威猎鹿犬	秋田犬	松狮犬	银狐犬	博美犬
体型	中	中	大	大	中	小	小
运动需求	高	高	中	高	中	中	低
梳理频率	中	高	中	低	高	高	低
可训练性	较容易	较容易	较容易	较容易	较容易	较容易	较容易

视觉型狩猎犬

	灵缇犬	意大利纽灵缇犬	惠比特犬	俄罗斯猎狼犬	萨路基猎犬	爱尔兰猎狼犬	阿富汗猎犬
体型	大	小	中	大	大	大	大
运动需求	中	中	中	中	高	高	高
梳理频率	低	中	低	中	低	中	高
可训练性	较容易	较容易	较容易	不容易	较容易	容易	不容易

嗅猎犬						
	寻血猎犬	奥达猎犬	贝吉格里芬凡丁犬	比格犬	腊肠犬（长毛）	杜宾犬	罗得西亚猎犬
体型	中	中	小	小	小	大	中
运动需求	高	高	高	高	中	高	高
梳理频率	低	中	中	低	中	低	低
可训练性	较容易	较容易	较容易	较容易	较容易	较容易	较容易

梗犬						
	西高地白梗	约克夏梗犬	杰克罗素梗	万能梗	伯德梗	斯塔福郡斗牛梗	迷你雪纳瑞犬
体型	小	小	小	中	小	小	中
运动需求	中	低	中	中	中	中	中
梳理频率	中	高	低	中	中	低	高
可训练性	容易	较容易	较容易	较容易	较容易	较容易	容易

枪猎犬

	英国可卡犬	葡萄牙水犬	爱尔兰雪达犬	德国短毛指示犬	威玛猎犬	拉布拉多猎犬	卷毛寻回犬
体型	中	中	大	中	大	中	大
运动需求	中	中	高	高	高	高	高
梳理频率	高	高	中	低	低	低	中
可训练性	较容易	容易	较容易	容易	容易	容易	容易

伴侣犬

	京巴犬	中国狮子犬	迷你贵宾犬	骑士查理王猎犬	中国冠毛犬	吉娃娃犬	大麦町犬
体型	小	小	小	小	小	小	大
运动需求	低	中	中	中	低	低	高
梳理频率	高	高	高	中	低	中	低
可训练性	不容易	容易	容易	较容易	较容易	容易	较容易

"护狗"之家

带新的宠物狗回家之前，宠物主人需要检查一下家里或者庭院里是否有会伤害它的东西，如果有的话，就把这些东西移走或者放在狗接触不到的地方，以确保它有一个安全舒适的生活环境。

危险区域

在危险区域，最好的预防措施是密切关注自己的狗。除此之外，如果要发现任何潜在的危险，就需要宠物主人俯身到狗的高度，并彻底检查下列可能存在的危险。

■ 逃跑路线——狗会飞快地穿过大门、钻过小门或者跑下楼梯，然后跑到街上去。

■ 狭窄的空间——狗会钻到冰箱后面的缝隙中并被卡住。

■ 毒药——因为狗喜欢到处寻找东西吃，所以这是一个很大的风险。留心有毒植物（动物福利协会通常有清单）、有毒化学品，甚至是巧克力、葡萄或葡萄干这种对于狗来说是有害的人类食物（详见第162~163页）。

■ 可以咀嚼和吞咽的东西——电线会导致触电；尖锐的物体会划伤狗的食道；气球这类物体会导致消化道阻塞。

■ 重或锋利的东西——浴室里的剃须刀片或工具房中的园艺工具，这类物品都会对狗造成伤害。

■ 光滑的地板表面——如果瓷砖或亚麻油地毡/漆布表面是湿的（或者被湿漉漉的狗直接踩上去），它们会变得很滑。

室外检查清单

■ 封闭树篱、栅栏或大门下的所有缝隙。

■ 移走或扔掉对狗有毒的植物。

■ 确保庭院中有阴凉处，可以让狗乘凉。

■ 确保车库和工具房的门关闭，让狗远离机器、锋利或重型工具，以及防冻液、油漆、油漆稀释剂等化学品。

■ 确保将毒药和化肥锁在柜子里或放在高处。

■ 确保狗远离使用过毒药或杀虫剂的区域；及时处理掉因中毒而死亡的动物。

■ 永远不要让狗独自待在烧烤架旁边，热碳和锋利的烤肉签可能会对它造成伤害。

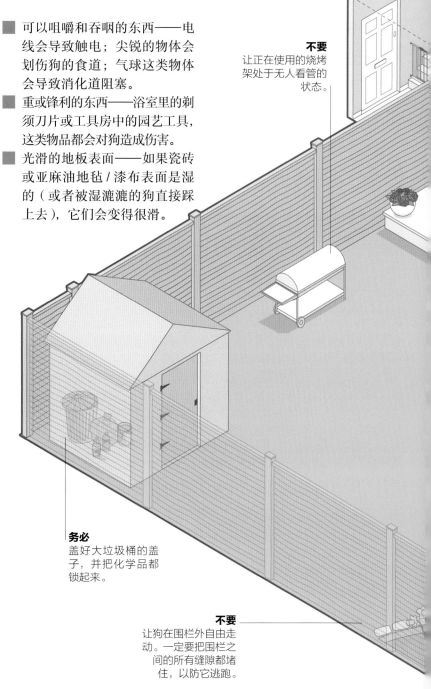

不要
让正在使用的烧烤架处于无人看管的状态。

务必
盖好大垃圾桶的盖子，并把化学品都锁起来。

不要
让狗在围栏外自由走动。一定要把围栏之间的所有缝隙都堵住，以防它逃跑。

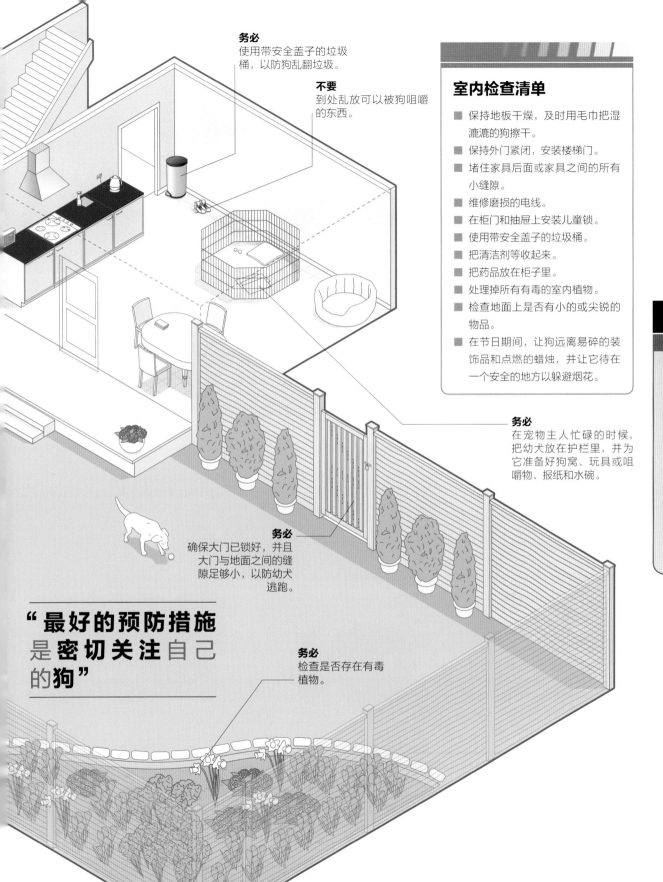

务必
使用带安全盖子的垃圾桶，以防狗乱翻垃圾。

不要
到处乱放可以被狗咀嚼的东西。

室内检查清单

- 保持地板干燥，及时用毛巾把湿漉漉的狗擦干。
- 保持外门紧闭，安装楼梯门。
- 堵住家具后面或家具之间的所有小缝隙。
- 维修磨损的电线。
- 在柜门和抽屉上安装儿童锁。
- 使用带安全盖子的垃圾桶。
- 把清洁剂等收起来。
- 把药品放在柜子里。
- 处理掉所有有毒的室内植物。
- 检查地面上是否有小的或尖锐的物品。
- 在节日期间，让狗远离易碎的装饰品和点燃的蜡烛，并让它待在一个安全的地方以躲避烟花。

务必
在宠物主人忙碌的时候，把幼犬放在护栏里，并为它准备好狗窝、玩具或咀嚼物、报纸和水碗。

务必
确保大门已锁好，并且大门与地面之间的缝隙足够小，以防幼犬逃跑。

务必
检查是否存在有毒植物。

"最好的预防措施是密切关注自己的狗"

必备物品

为了确保宠物主人已经做好了养狗的准备，最好提前准备一些必备物品。当狗到家以后，还可以再按需购买一些其他物品。

到家前的准备工作

首要的是为狗准备一个狗窝和两个碗。狗窝要足够大，以便它可以在里面舒展身体和翻身。对幼犬来说，用硬纸板箱临时搭建的狗窝，可以凑合使用，因为如果窝被弄脏了或被咬坏了或幼犬长大了，就可以扔掉这个临时的狗窝。模压塑料狗窝易于清洁并且耐咬。这两种类型的狗窝内都需要铺一条柔软的毛巾或毯子作衬垫。海绵橡胶材质的狗窝很舒服并且其外罩一般是可以拆卸机洗的。这种类型的狗窝适合患有关节问题的老年犬，但不适合喜欢啃咬或弄脏狗窝的狗。狗一般需要用两个碗，一个碗装食物，另一个碗盛水。每天都要清洗这两个碗，尤其是食盆，每餐前都应该先清洗再放食物。陶瓷碗足够坚固，即使给大型犬用也没问题。但是，陶瓷碗的碗边通常是直上直下的，对于狗来说，很难吃到角落里的食物。不锈钢碗通常易于使用和清洗。最好选择碗口不锋利并且底部附带橡胶圈的不锈钢碗，因为这种碗在狗进食

"让狗**窝**变得**舒适**和有吸引力。对于一只**刚到家的幼犬**或需要**更多安全感**的狗来说，可以给它使用**狗笼子。**"

◁ **狗窝**
狗窝通常采用三边高、一边低的形式制造，既起到了安全防护作用，又方便狗进出。另外，要选择内衬温暖厚实的狗窝，让狗感到舒适。

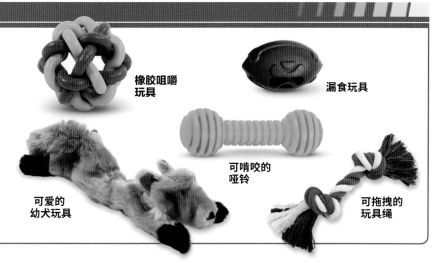

狗玩具

玩具有助于狗展现自然行为，如追逐和咀嚼。宠物主人可以购买如图所示的特殊的狗玩具，或者使用旧足球或一段绳子等物品发挥创意自己制作一个。在选择玩具时要确保它们不会刺伤狗或造成狗窒息，并且要足够大，以防被狗误吞后卡在喉咙里。不要给狗玩旧衣服或旧鞋子，那样会让它养成坏习惯。

橡胶咀嚼玩具

漏食玩具

可啃咬的哑铃

可爱的幼犬玩具

可拖拽的玩具绳

食盆要足够稳固以防在使用过程中移动，其形状要便于狗接触到底部和边缘。陶瓷碗和不锈钢碗都是不错的选择。

陶瓷碗

不锈钢碗

△ **幼犬笼子**

把幼犬的笼子放在温暖、无风的地方，并确保它白天待在此处可以看到宠物主人和其他家庭成员。狗笼子要足够大，允许它在里面自由走动。

过程中能保持稳定。对于幼犬和小型犬来说，塑料碗就足够了。

在养狗之前为狗买一份宠物保险也是很有必要的。保险对于疾病和伤害是必不可少的保障。如果宠物丢失或死亡，或伤害了其他人、其他动物或损坏了他人财产，保险可以理赔。

居家安全

宠物主人需要检查一下家庭环境对于狗来说是否安全（详见第24~25页）。对于一只刚到家的幼犬或需要更多安全感的狗来说，推荐使用一种侧面和顶部都有铁丝围栏且底部坚固的大笼子。在笼子底部铺上报纸以防发生意外，并在里面放一个狗窝和一些玩具。这种笼子要让幼犬感到舒适且愿意待在里面。在它学会上厕所之前、当它被短时间独自留

在家中或受伤生病时，这种狗笼子对于它来说都是一个安全的好地方。但永远不要让狗长时间待在笼子里，或者为了惩罚而把它锁在里面。

梳理和卫生

即使养的是短毛犬，宠物主人仍然需要一套基本的梳理工具包（详见第50~51页），包括鬃毛刷或橡胶齿手套。长毛犬和厚毛犬则需要长毛刷，以及用于修剪毛发的圆头剪刀和防止毛发打结的喷雾；宠物医生或品种协会可以给予相应的指导。宠物主人还需要准备狗洗澡用的沐浴露和毛巾，以及指甲剪。

出门遛狗时需要随身携带可降解垃圾袋，以便清理狗在室外排泄的粪便。这种特殊的袋子在宠物医院或宠物店可以买到。

项圈和牵引绳

给幼犬使用柔软材质的项圈，并且系牢，最好的松紧程度是狗脖子和项圈之间留有两指宽的空隙。每周都要检查一下项圈有没有变紧。对于成犬来说，要使用牢固的织物或皮革项圈，而强壮的狗则要给它穿胸背带。应避免使用金属材质的项圈。要在项圈上挂一个名牌，并附上宠物主人的联系方式。

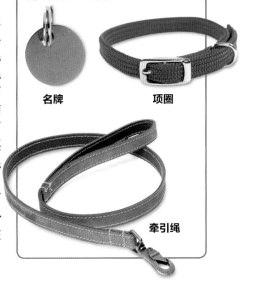

名牌　　　　**项圈**

牵引绳

带狗回家

带新宠物回家毫无疑问会让人兴奋和激动，但也可能会有点伤脑筋——尤其对于狗来说。尽可能提前做好准备，让它轻松平静地度过到达新家的第一天。

做好准备

确保自己的家已经做好"护狗"措施（详见第24~25页），并且已经提前准备好碗和狗窝（详见第26~27页）。应至少储备一周的食物，可以从繁育者或动物收容所那里获得食物清单和最初的物资。

选择一处温暖安静的地方放置狗窝，在白天的时候它可以从那里看到家人和听到家人的声音，这样它就不会感到孤独。如果选择使用幼犬笼子（详见第27页），就把它放在这个地方。提前在地上铺些报纸以防发生意外。

> **"慢慢地给狗介绍它的新家，这样它就能适应新环境。"**

如果带回家的是一只幼犬，可以让它睡在一个纸箱或篮子里，并放在自己的卧室中，这样做可以帮助幼犬安顿下来。宠物主人要提前为它取好名字。应选择单音节或双音节名字，因为这种名字对于狗来说容易记忆，但要避免使用容易与口令产生冲突的名字，如"等"或"不"。

抵达新家

把狗接回家时，先带它去庭院，因为它可能会想上厕所。然后再带它进入室内并任由它探索。至少在第一天的时候，要让狗待在为它准备好的区域内，这样它

△ **让狗自由探索**
狗喜欢闻气味并在庭院中探索。让它随心所欲地探索，这样有助于它放松下来并更好地适应新家和新环境。

就可以慢慢地适应新家。幼犬可能刚到家没过多久就疲倦了，所以在它想睡的时候就任由它睡，不要打扰它。

与家庭成员见面

把狗介绍给家中的每一位成员。如果家中有小孩，在最初几天要密切关注他们，直到他们与狗能适应彼此的存在。应提前向孩子们解释，狗刚到家时会有些紧张，所以他们待在狗的身边时要保持安静。与狗见面时，可以

△ **安顿下来**
在最初的几个晚上，把幼犬的窝放在宠物主人的卧室里，让它睡在那里，这样会让它感到更安全。如果它发出呜咽声，宠物主人可以温柔地与它说话，但不要对此大惊小怪。

让孩子们和狗一起进入提前准备好的房间并安静地坐下。给孩子们一些零食，让他们来喂狗，并告诉孩子们要让狗主动来找他们。还要跟孩子们解释狗喜欢与他们玩耍，但是在最初这几天，玩耍时间不宜过长，这样狗就不会感到疲惫或过度兴奋。除此之外，记得叮嘱孩子们不要突然抓住狗或突然抱起它，因为狗会由于受惊而咬人。

与家中其他宠物见面

在狗到新家的第一天之后

▽ **介绍婴儿给狗认识**
当狗安顿下来后就可以介绍婴儿给它认识了。向婴儿展示如何轻轻地抚摸狗，然后让婴儿自己尝试一下。

（大概是这个时间），一旦它安顿下来，就可以让它与家中其他宠物见面，且一次只见一个。

在庭院等"中立地区"介绍家中原有的狗和新来的狗认识，如果其中一只感到紧张，要确保它有空间可以逃跑。在关注新来

◁ **交朋友**
在一个没有任何玩具的区域内将新来的狗介绍给家中原有的狗。一旦知道它们能友好相处，就可以买一些新玩具让它们一起玩。

的狗之前，不要忽视家中原有的狗，以减少它产生嫉妒的风险。

如果要介绍一只猫给新来的狗认识，应该选择在一个大房间或在庭院中进行，并在猫过来与它见面时抓紧狗。万一这只狗突然变得很吵闹，确保猫有空间可以快速逃跑。切勿同时一起喂狗和猫，因为狗有可能会偷吃猫的食物。如果家中有兔子或其他小动物，应把它们关在笼子里。每当狗在它们周围走动时，要密切关注狗的一举一动。

最初几天

在狗刚到家的最初几天里，家中应保持安静，这样做可以让它安顿下来并了解它的新家。始终确保至少有一名家庭成员在它身边照看它。

开始日常生活

从第一天开始就要养成习惯——在固定的时间喂狗、遛狗。应制定基本规则，规定它可以做什么以及它可以去哪里。例如，如果宠物主人不想让狗上楼或躺在椅子和床上，应该从一开始就教它这条规则。

习惯家庭环境

让狗熟悉家中会发出噪声或者会吓到它的家用电器，如吸尘器和洗衣机。当电器在运行的时候，可以让狗待在一旁，但是需要保持一段舒适的距离，如果它

△ **获得自信**
对幼犬来说，新家可能是一个相当可怕的地方。让它逐渐习惯像吸尘器这类嘈杂的电器，这样随着它的成长，它会对人类世界充满信心。

◁ **建立习惯**
无论天气如何，都要按时出去遛狗。养成习惯后可以避免发生意外。

> **"从第一天开始就要养成习惯——在固定的时间喂狗、遛狗。应制定基本规则，规定它能做什么不能做什么。"**

△ **让狗保持开心**
如果宠物主人不得不把狗独自留在家中，就给它准备一些玩具，让它在这段时间内玩得开心并且有事情做。

▷ **分离训练**
起初每次让狗独处几分钟，一天重复训练多次。当它能接受独处时，再逐渐延长独处时间。

感到害怕，需要有空间可以逃跑。如果它看起来非常紧张的话，宠物主人应俯下身去用温柔的话语鼓励它，或者用玩具分散它的注意力，直到它平静下来。

家庭训练

出于本能，狗会避免弄脏自己的狗窝，这也是训练它上厕所的基础。但是要记住，在幼犬被训练好之前，它难免会在家中惹是生非。

养成习惯以防发生意外。在幼犬进食后、小憩醒来后、晚上睡觉前以及遇到任何让它兴奋的事情后（如认识了新的家庭成员），应该带它出去遛弯。宠物主人要尽可能地每小时带幼犬出去遛弯一次，并且时间要尽可能地接近它上厕所的时间。宠物主人要留意幼犬想要出去的信号，例如，它在家里嗅探地面、转圈圈或蹲着。如果注意到其中任何一个信号，就要立刻带它出去，并要等到它上完厕所，再一起回家。只要它这样做了，宠物主人就应该奖励它。

独自在家

独自在家对于狗来说是很有压力的一件事。如果它们未曾接受过忍受独处的训练，就被单独留在家中，它们会在家里搞破坏或者吠叫，甚至可能会发生意外。需要让狗知道，它独自在家也是很安全的，并且让它相信宠物主人是会回来的。

开始训练，应选择一个狗平静甚至困倦的时间。可先让它独自在围栏里或房间里待上几分钟。当宠物主人回来时，如果它表现得很激动，不要对它大惊小怪；只是安静地待在它身边直到它平静下来。逐渐延长狗独处的时间，直到宠物主人可以离开几个小时，它也不会感到有压力。

当宠物主人出去并把狗独自留在家中时，应确保它可以自由进出狗窝，且有水喝。还可以为它准备一个漏食玩具，让它在宠物主人离开后也有事情可做。

社会化训练

幼犬需要适应人、汽车和外面的世界。不自信、害怕或在户外有行为问题的成犬也需要训练。

在家附近散步

幼犬完成疫苗接种和微型芯片植入后就可以带出去散步了。应尽可能让幼犬接触大量不同场景。因为狗 12 周龄后就会变得小心谨慎，如果遇到陌生的事情，它们的第一本能就是逃跑。

对于成犬来说，散步是为了让它们了解自己的"领地"。即使对领地很了解，狗也可能会遇见以前没有遇到的东西，如家畜和野生动物。

建立自信

狗第一次进入广阔世界冒险的体验对它们来说是十分震撼的。有令它们恐惧的东西，如小汽车和卡车。还有非常吸引它们的东西：如骑儿童车的孩子或田野里的羔羊，这些可能会触发狗的追逐本能。狗需要建立自信，宠物主人需要确保它们无论遇到什么情况都能表现得很好。

把宠物介绍给所有想认识它们的人。如果有孩子，带着狗去学校和孩子们见面，让它们习惯见到其他孩子。

训练狗适应其他犬只时，先从自己了解的狗开始。可以在家里安排"宠物聚会"，或者与性格随和的成犬主人一起遛狗。如果狗遇到陌生狗时表现愤怒，立刻

▽ **新面孔**
散步可以让狗认识那些不常遇到的人。如蹒跚学步的孩子和青少年。可以用玩具和零食让与这些人的接触更有趣。

适应行驶中的车辆

■ 让狗在合适的距离坐着观察经过的车辆，逐渐适应那些令它紧张或兴奋的事物，如嘈杂的汽车声。

■ 蹲下来抓住它，防止它追赶车辆，当它安静地坐着的时候给予表扬。

■ 车辆远离后奖励它。

■ 逐渐让它习惯于接近这些事物，但也要与飞驰的车辆保持安全距离。

■ 这需要耐心，让它慢慢适应。

△ **与家畜见面**
尽量让狗通过栅栏或门观察牛羊马等家畜，不要让它进去接触家畜。使用牵引绳防止狗追逐家畜。

▷ **舒适的旅程**
确保狗在车里有空间躺下并且可以舒适地转身。狗安全装置可以让它在后面自由活动。还可以使用毯子或枕头让它更舒适。

将其带离，或者在经过时让对方抱着或牵着狗。

遇到家畜和野生动物时最好给狗佩戴牵引绳，再安静的狗，也会被吸引，出现突然且无法抑制的追逐欲望。在许多国家，法律规定宠物主人要防止狗攻击家畜。

训练狗适应各种干扰，如机动车辆、自行车、婴儿车、穿着溜冰鞋或玩滑板的人（详见 32 页方框）。

乘车旅行

法律规定宠物主人在运输狗的过程中要采取措施确保狗和乘车人员的安全。如果车型较大，可以在后座安装狗保护装置，这足以应付一小时以下的短途旅行。

如果是长途旅行或更大的车型，需要将狗关在狗笼里。如果让狗坐在后座，要用匹配安全带的狗背带来约束它。

训练狗适应出行时，一开始要关闭汽车引擎后打开车门，让它在车里坐几分钟。当它可以在车门关闭且引擎打开的情况下在车里坐几分钟，训练就成功了。然后可以开始尝试数分钟的短途旅行，慢慢延长时间到适应长途旅行。

旅行时，不要让狗将头伸出窗外，避免头部或眼睛受伤。长途旅行要带好水和碗，至少每两个小时停下来，让狗喝点水并出去排泄。如果车里有空调的话将空调打开，即使窗户半开，也不要把狗单独留在车里，天气闷热或阳光直射的情况下，中暑可以在 20 分钟内导致狗死亡（详见第 166~167 页）。注意任何晕车的表现，如流口水或气喘。过度吠叫或啃咬汽车内饰也是其痛苦的表现。为了避免这些情况，确保车内地面防滑，可以让狗在车里站立。

度假

如今，出现了越来越多的"狗友好"度假区。有一些度假区还能在宠物主人短暂离开时提供照顾。

一起旅行

和狗一起旅行是十分有趣的，但事先要做好安排。狗需要在公共场所可控制并接受过汽车出行的训练（详见第33页）。它还需要植入微型芯片并佩戴名牌。

如果计划带狗出国旅行，宠物主人需要了解该国携宠物入境和驾车带狗旅行的法律法规，动物福利组织也有可能有关于这些问题的信息。需要给狗接种诸如狂犬病等疾病的疫苗，并给狗购买旅行保险。了解航空公司或渡轮公司运送狗的方式。渡轮公司会提供露天犬舍或在船内提供有

空调的空间。航空公司会要求使用特殊的航空箱，他们也有针对狗的运输规定。提前确认目的地是否对狗友好。带好狗的日常食物和熟悉的物品，如食盆。尽可能照常喂食、散步和睡觉，减少狗的压力。

△ **舒适的汽车出行**
在搭乘汽车出行过程中，要给狗提供足够的空间来移动和伸展，特别是如果旅程需要几个小时。

▷ **与宠物保姆见面**
如果决定把狗留在家里，提前带它认识可能来照顾它的人，以判断他们是否能和睦相处。

▽ **家庭犬舍**

如果有两只狗，调查寄宿犬舍是否有足够大的犬舍，可以让两只狗住在一起。这样它们就能安心地待在一起，更好地适应新环境。

地方。确保狗一直佩戴着名牌。留下充足的食物和注意事项，包含喂食、遛狗和睡觉时间的信息，以及自己和宠物医生的紧急联系电话。如果打算聘请有资质的保姆，可向宠物医生或其他狗主人，甚至宠物保姆寻求推荐。

另一种选择是寄养在寄宿犬舍。宠物医生或其他附近的狗主人可以推荐好的寄宿犬舍。住在犬舍对狗来说会比待在家中更有压力。最好在将狗送去寄养之前，去看一下犬舍是否合适（详见右框）。如果犬舍人气旺盛，或正处于旺季，一定要提前预定。

△ **安全地运动**

有些狗不喜欢其他的狗。让保姆或犬舍其他照顾者知道自己的狗是否愿意和其他狗一起运动，以及它是否特别怕生或脾气倔强，这些特点会影响它和陌生狗的和睦相处。

留狗在家中

如果不打算带着狗去旅行，也有宠物主人不在时安排照顾狗的一些方式。无论选择哪种方式，都需要确保狗能适应和主人分开（详见第 31 页）。

一种选择是让亲戚、朋友或邻居做"宠物保姆"，或者聘请有资质的宠物保姆。建议让他们把狗带回家照顾，尽量不要让狗独自待在家里。如果可以的话，提前带狗去几次宠物保姆家，使其熟悉那个

寄宿犬舍

在评估寄宿犬舍时，需要检查它们是否有以下条件。

■ 地方当局颁发的许可证。

■ 环境——犬舍和公共区域应干净、温暖、无风、安全。每个犬舍都应该有一个较高的平台，可以让狗选择躺卧。

■ 喂食——工作人员应该固定狗的日常食物和喂食时间。

■ 爱抚和运动——狗应该至少每天得到两次爱抚和运动。

■ 宠物医生——24 小时护理。

"出国旅行时，提前确认目的地是否对狗友好。"

2

日常护理

均衡饮食

狗需要的不仅仅是肉——它们需要健康、均衡的饮食，以及与自己体型相衬的饮食量。大多数宠物主人选择购买商品粮，但如果条件允许，也可以自己动手制作。

基本元素

良好的饮食应能提供狗所需的全部营养，必须包含以下元素。

■ 蛋白质——细胞的"积木"，蛋白质有助于构建肌肉和修复身体。瘦肉、鸡蛋和乳制品是蛋白质的良好来源。

■ 脂肪——富含能量，使食物变得更美味，脂肪还含有必需脂肪酸，有助于维护细胞壁，帮助狗的生长以及伤口的愈合。脂肪也是脂溶性维生素 A、D、E 和 K 的来源，存在于肉类、富含油脂的鱼以及亚麻籽油、葵花籽油等油中。

■ 纤维——存在于马铃薯、蔬菜和大米中，有助于增大食物的体积，减缓消化，让狗有更多的时间来吸收营养，同时促进排便。

■ 维生素和矿物质——有助于维持狗的皮肤、骨骼和血细胞等身体结构，调节食物转换成能量或血液凝固等重要机体功能的化学反应。

■ 水——和人类一样，水对狗的生命至关重要。一定要保证狗能喝到清洁的水。每天向水碗里加 2~3 次水。

商品粮

商品粮分为湿粮、半湿粮和干粮。干粮有助于保持牙齿和牙龈健康，但需对其含有的一些核心成分进行检测，同时必须提供足够的水，因为食用越多的干粮，狗的饮水量就越大。湿粮含有大量的水分、较高的脂肪及蛋白质成分。

◁ **健康饮食**
狗摄入的能量水平、寿命、总体健康状况和行为都取决于所吃食物的类型。

▷ **食物种类**
可选的狗粮种类已大大增加。包括专门开发的商品粮——湿粮、干粮或半湿粮，以及可以在家中制作的天然粮。

湿粮

干粮

天然粮

△ **不错的选择**
生皮咬胶比真骨头更安全。当狗独自在家时，咬胶可以帮助它打发时间。

给狗一根骨头？

宠物医生倾向于不给狗喂骨头，因为骨头会堵塞其消化系统。千万不要给狗喂煮熟的骨头，因为这些骨头可能会碎裂并划伤狗的嘴或食道。可以选择骨状零食或用牛皮制成的咬胶替代骨头，这样可以保持牙齿健康，满足狗咀嚼的欲望，同时也会避免其因为食用真骨头而带来的风险。

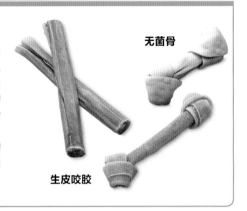

无菌骨

生皮咬胶

商品粮的优势包括品牌选择广泛；适用于特定群体，如幼犬、老年犬、怀孕或哺乳母犬；营养价值界定明确并且使用方便。然而，商品粮含有的防腐剂和风味剂可能会引起狗的不适，如果不确定是否含有这些成分可以仔细核查标签，并查阅宠物食品标准的相关网站来辅助确认。

天然粮

宠物主人可以使用生肉来自制天然粮从而代替商品粮的饲喂，当然这需要添加熟制的蔬菜和淀粉类食材，如大米可以提供纤维，如需要添加维生素和矿物质补充剂，请咨询宠物医生。

这种饮食更接近于狗在野外生存时的饮食结构，因为没有添加防腐剂或其他隐藏的额外成分。然而，天然粮需要进行细致均衡的营养搭配，并且很难保持稳定的营养价值，根据狗的不同能量需求来调整饮食也同样困难；新鲜食材也需要每天花费很多时间来准备。

零食和咬胶

许多宠物主人会额外给予其他美食作为训练奖励，或单纯作为零食。一些零食含脂肪较高，如果主人经常给宠物吃这些零食，请务必减少主食供应量以防过度饮食。零食可以在宠物店购买也可以在家自制。狗偏好于有些许臭味、肉质较软的零食，所以可以尝试给它们一些含有奶酪、鸡肉或香肠的零食。另外，咬胶可以让狗忙碌起来，防止它咬鞋子、家具等家居用品甚至咬宠物主人的手。咬胶对出牙期的幼犬尤其有益，在保持狗的牙齿清洁和维持下颚良好状态方面也起着重要作用。

> ## "天然饮食更接近狗在野外生存时的饮食结构。"

▷ **狗零食**
宠物主人可以为狗选择各种各样的美味零食，在狗做出良好行为时可以作为奖励。尝试不同的零食，看看它最喜欢哪一种。不过，每天只能给狗吃少量的零食，以避免过度喂食。

熟制香肠

奶酪块

湿粮零食

肉类零食

松软零食

监测喂食情况

和人类一样，动物也会因为暴饮暴食或饮食营养水平低下而出现健康问题。要确保狗的喂食量适当，以此保持该品种或体型的最佳体重。

良好的喂食习惯

狗的喂食方式和吃什么食物同等重要。

■ 固定的用餐时间。

■ 每次使用食盆前一定要清洗。

■ 当喂食罐头或自制的食物时，在狗结束进食后，一定要清洗食盆。

■ 不要给狗喂食人吃的东西，它和人的需求是不同的，有些人类的食物，如巧克力，对狗来说是有毒的（详见第162~163页）。

■ 改变狗的饮食时需循序渐进，否则会引起其肠胃不适。

■ 确保随时有清洁的饮水。

> **"不要用餐桌上的残羹剩渣喂狗，无论它如何乞求都不能心软。"**

吃得快？

吃得快是狗的天性。在野外，这能避免其他动物偷它的食物。如果狗吃东西狼吞虎咽，吃得太快，就试着用慢食碗。慢食碗的底部有块状凸起，狗在吃东西的时候必须要避开它，从而可减缓其进食速度。这可以帮助狗避免消化问题，如胀气、呕吐和消化不良。

预防肥胖

有些品种的狗容易发胖，如巴吉度猎犬、骑士查理王猎犬、腊肠犬和拉布拉多猎犬。然而，任何狗都可能因过度摄入高能量食物和缺乏锻炼而发胖。过度喂食会导致狗出现心脏问题、糖尿病和关节疼痛。特别是对于身体胖而腿细的犬种（如罗威纳犬或斯塔福郡斗牛梗），身体的重量加上运动可能会引起韧带问题。避免狗出现体重管理问题的方法如下。

■ 根据狗的年龄、体型和运动量决定喂食量（详见第

块状凸起

△ **慢食碗**
慢食碗可以防止狗大口地吞咽食物，因为它们必须避开慢食碗的块状凸起才能吃到食物。这种碗可以让狗的进食速度变慢，吃得更悠闲。

42~43 页）。

■ 给狗喂食时要谨慎。不要喂餐桌上的残羹剩渣，无论它如何乞求都不能心软。

■ 向宠物医生咨询均衡饮食的减肥方法。

■ 在家里用体重秤给小型犬称重。如果是中大型犬，询问宠物医院是否可以在那里称体重。

■ 留意狗的体型——这和称体重一样重要。可以每周通过拍照片来监测它的体重变化。

健康的体型

定期检查狗的身体状况，以确保它不会太胖或太瘦。不同品种的狗有着不同的体型，所以以要区分清楚什么品种的狗对应哪种体型。如果不能确定正确的喂食量，可以询问宠物医生。

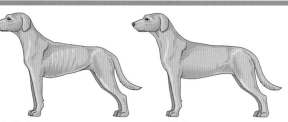

△ **偏瘦**
面部较瘦，肋骨很容易摸到或看到，肚子比这个品种正常体态的更瘦。

△ **健康**
毛发光泽，身体肌肉发达，但不骨瘦如柴，还有纤细的腰部。

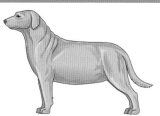

△ **肥胖**
肚子很大，脖子后面有一圈脂肪，肋骨上有一层很厚的脂肪。

生活中的饮食改变

狗在不同的生命阶段都有着特殊的营养需求——无论是正在快速成长的幼犬、哺乳期的母犬、运动犬还是老年犬。重要的是，要满足它这个年龄段为了保持健康或生长发育所需的营养和能量。

幼犬

幼犬断奶之后，需要少食多餐，最初每天喂食4次，6个月左右减少到每天喂食3次。幼犬生长发育很快，所以它们需要高能量的食物；如果不确定幼犬的正确喂食量，可以咨询宠物医生。随着幼犬的成长逐渐增加喂食量，但要避免过度饲喂，因为过度饲喂可能会导致日后的肥胖。最好是给幼犬喂食全价商品犬粮，以确保幼犬获得正确平衡的营养。

如果在繁育者那里购买幼犬，繁育者能够提供幼犬之前的食物样品。不要一开始就更换食物，先继续喂食它在犬舍的食物，并逐渐引入新的食物。

成犬

对很多狗来说，一天喂食两次（早上和晚上）就足够了。绝育的狗比未绝育的狗需要的能量更少，根据狗的体型大小和运动量水平进行喂食。定期监测狗的体重，以确保喂食量合适。

工作犬

工作犬或运动犬应该喂食高蛋白、高能量、易消化的食物，最大限度地提高它们的力量、速度和耐力。然而，一只工作犬的喂食量不应超过一只正常的成犬。不同类型的工作犬需要不同的能量来源。

■ 进行短时间、剧烈的冲刺运动，如赛跑或敏捷性表演的狗需要适度增加脂肪摄入量。

■ 进行拉雪橇、狩猎或放牧等耐力运动的狗需要高脂肪、高蛋白质的食物。

△ **快速成长期**
为幼犬提供均衡的饮食让它拥有强壮的身体。一定要选择专门为幼犬配制的食物，当幼犬长大时，要换为成犬配方的食物。

▷ **工作犬属性**
像柯利牧羊犬这样的工作犬，是为了力量和耐力而培育出来的犬种，它们需要富含蛋白质和脂肪的饮食，以使它们在进行耐力工作时保持精力充沛。

△ **哺乳期的需求**
哺乳期母犬对营养的需求甚至比在快速成长期的幼犬对能量的需求还要多。母犬对能量的需求会随着幼犬的成长而稳步增加，它需要分泌更多的乳汁来喂养幼犬。

气候因素

生活在气候较为寒冷地区的狗需要比生活在较为温暖地区的狗摄入更多的能量来维持体温恒定。同样地，生活在户外犬舍的狗比养在室内的狗需要更多的能量来维持体温恒定。有规律的高脂肪、高能量饮食可以满足它们每日额外的能量需求。

" **对很多狗来说，一天两顿饭** 就 **足够了。** 根据 **体型大小** 和 **运动量进行喂食。** "

哺乳期母犬

直到妊娠最后 2~3 周，母犬都可以保持之前的饮食。在这之后直到分娩，母犬的能量需求将增加 25%~50%。母犬可能会随着分娩时间的临近而食欲减退——这是正常的。产仔后，食欲很快就会恢复。母犬分泌乳汁的前 4 周的能量需求比正常情况下多2~3 倍，因为幼犬的奶量需求处于最高水平。给母犬喂食高能量的食物，如幼犬粮或工作犬粮，少食多餐。幼犬开始断奶的时候（6~8 周），母犬仍然需要额外的能量，直到完全停止乳汁的分泌。

康复期犬

病犬需要容易消化的食物，如煮熟的鸡肉和米饭；遵循宠物医生的建议。一些商品犬粮公司会为康复期犬生产营养丰富、美味可口的食物。少量多次地喂食温度与狗体温相近的食物，这样的食物适口性更好。记录狗的进食量，有食欲减退的情况及时与宠物医生沟通。

老年犬

大约从 7 岁开始，狗需要更少的热量但更丰富的营养。大多数老年犬继续沿用成犬饮食没有太大问题，可以适当减少喂食量以及额外添加一些维生素和矿物质（向宠物医生咨询建议）。一些宠物食品生产企业生产的老年犬商品粮更柔软、美味，高蛋白质、低脂肪，以及会添加额外的维生素和矿物质。宠物主人需要调整喂食次数为一天三次。较低的代谢率使老年犬更容易肥胖。保持健康的体重可以提高狗的生活质量和寿命。

为健康而战

所有的狗都需要锻炼，否则它们会感到无聊和沮丧。日常有规律的运动锻炼可以帮助狗消耗多余的能量，也可以使它们安静地待在家里，并欣然独处。

日常锻炼

狗每天至少需要锻炼两次。对于幼犬来说，定期锻炼有助于增强体魄和提高学习能力，而对于成犬来说，轻度锻炼有助于防止肥胖和关节疼痛等问题。猎犬和工作犬的精力比其他犬种更旺盛（详见第20~23页的品种表）；两次半小时的散步对一只约克夏梗犬或巴哥犬来说已经足够了，而一只大麦町犬或拳师犬则需要一个小时的散步或跑步以及额外的训练或游戏。

如果狗缺乏运动，它可能会出现行为问题——变得过度活跃或烦躁不安，并且难以平静下来。它也可能会通过其他破坏性的行为去发泄多余的精力，如啃咬家具、过度吠叫、跑出去玩耍。

在日常生活中宠物主人要经常带它锻炼。例如，带着狗去学校接孩子，带它去商店。也可以找一些开阔的地方让狗玩耍或探索，或者在花园里找片空地供它运动。下面的建议可以帮助狗在锻炼时保持舒适感。

- 避免狗出现过度疲劳：在每次锻炼结束后，给它一些"热身"和"冷静"的时间，如10分钟的慢走。
- 在炎热的天气里，随身携带水，在天气凉爽的时候再遛狗，如清晨或傍晚。
- 在寒冷的天气里，可以给短毛犬或老年犬穿一件外套，为它保暖。
- 如果狗不习惯坚硬的地面，就

"**定期锻炼**可以帮助狗**增强体魄，提高学习能力。**"

△ **运动伙伴**
一起慢跑或散步对宠物主人和狗来说都是很好的锻炼，可以成为日常生活的一部分。

▷ **家庭的乐趣**
带着全家人和狗一起锻炼会很有趣，这有利于宠物主人与宠物之间建立牢固的关系。

△ 活力四射的生活
精力充沛的狗需要大量的运动和玩耍来保持平静和快乐。它们需要可以自由奔跑的开阔空间，尤其是在年轻的时候。

不要让它在上面奔跑，避免伤害它的脚垫。同样，也要避免狗在很热或很冷的地面上奔跑。

■ 带着狗最喜欢的玩具或球出去散步，建议玩一些有趣以及充满活力的追逐游戏。这些有趣的游戏对狗来说也是很好的脑力锻炼。

■ 每天尽量在相同的时间遛狗，这样狗就能学会在其余的时间内休息。

散步和慢跑

这种锻炼几乎可以在任何地方进行。和狗一起慢跑有利于宠物主人和狗都保持健康。为了自身和他人的安全，狗需要在有人牵着的情况下平静地行走（详见第 72~73 页）。记得随身携带捡拾粪便的垃圾袋。

自由奔跑

在开阔的空间里奔跑对精力旺盛的狗，如惠比特犬和灵缇犬这样的赛犬来说是一种很好的锻炼。首先，为了让狗远距离奔跑，需要训练使它能够执行返回的口令（详见第 74~75 页）。寻找一片空地让它奔跑，如一片田野，或者没有人群的海滩。宠物主人需要先环顾四周看一下有没有会被惊吓到的家畜。确保狗被允许在这片区域内自由奔跑——许多城市公园不允许狗进入。

为了确保狗在自由奔跑时记得自己的主人，可以和它玩一些"捉迷藏"或"寻回"的游戏（详见第 76 页）。敏捷性游戏，如跳跃和穿越障碍物，对狗来说也是一种很好的锻炼（详见第 88~89 页）。

年龄和运动

■ 狗对运动量的需求会随着它的年龄的变化而改变。

■ 幼犬接种疫苗之后就可以外出了。但每次运动的时间要尽可能地短。

■ 对于成犬来说，长时间散步、跑步和充满活力的游戏是理想的选择。妊娠期母犬，生病或者处于康复期的狗则适合短暂且轻度的锻炼。

■ 老年犬喜欢短距离和悠闲地散步，也可能仍然喜欢尝试新游戏。

玩耍时间

狗是聪明的动物，玩耍对刺激它们的大脑非常重要。和狗玩耍有助于建立宠物主人与狗之间的关系，加强对它的训练，也可以帮助它学会如何与其他狗相处。

游戏种类

游戏可以让成犬或幼犬以一种有趣的方式表达它的本能。能够学会与其他狗玩耍的幼犬长大后不会变得胆小或好斗。狗特别喜欢玩寻回、拔河游戏以及发声玩具。

寻回游戏 追球或飞盘是让狗能量消耗的绝佳方式。通过把玩具叼还给宠物主人，使狗学会了这样做可以得到再一次追逐衔取玩具的机会——并且在这个过程中它能够学习搜寻衔取的技巧（详见第 76 页）。使用玩具而不是扔棍子——狗可能会因为在空中咬住棍子或咬住埋在地下的棍子而伤到它的嘴。

拔河游戏 这个游戏对狗和人来说都很有趣，但要注意，有时对狗来说"挑战"一个人或许会让它过于兴奋。使用特殊的"拔河"玩具（详见第 26 页），确保宠物主人能够战胜狗。如果它咬住衣服或咬伤宠物主人时，立

◁ **有趣的运动**

对于寻回游戏，散步时带上玩具，不要使用棍子。玩"寻回游戏"也可以使狗学会回应主人的呼唤。

玩耍过程中的小贴士

以下小贴士能够帮助宠物主人和狗更好地进行玩耍互动。

- 游戏时间尽量短且多样化，这样狗就不会感到疲劳或过度兴奋。
- 宠物主人决定游戏的开始和结束时间——这巧妙地强化了宠物主人作为"团队领袖"的地位。
- 所有的玩具都属于宠物主人——当狗被要求把玩具交给主人的时候，狗应该无条件服从。
- 永远不要鼓励狗追逐别人。人类应该是狗的朋友和领导者，而不是"猎物"。
- 不要和幼犬玩咬人的游戏——可以教它玩玩具。
- 千万不要让狗扑人或从人身上咬取东西。

◁ 拔河
拔河游戏是许多狗的最爱，尤其是梗犬和竞技犬。狗享受在游戏过程中的能量释放和游戏所激起的力量感。

感到不安，进而咬人。

■ 蹒跚学步的孩子会大声哭泣并且动作迅速且无规律，这些会让狗感到不安。避免孩子抓住狗，并确保狗可以挣脱。

■ 向孩子们解释，幼犬很容易感到疲倦，如果它们疲惫困倦，就要让它们睡觉。

■ 狗在进食时不喜欢被打扰。不要让孩子玩弄或靠近狗的食物或水碗。只有成年人才能喂狗。

■ 除了玩耍，让年龄较大的孩子参与狗的训练。在适当的情况下，孩子们可以成为熟练而热情的训犬师。

即停止玩耍并悄悄地远离它。

捉迷藏 这个游戏满足了狗觅食的本能。在玩具里藏少许食物，这样狗就得努力四处嗅探才能找到。或者拿几个塑料杯，在其中一个下面藏一些食物。宠物主人也可以和另外一个人配合玩捉迷藏：一个人拿着狗的"寻回"玩具（如球）并躲藏起来，而另一个人抱着狗。拿球的人呼叫狗，另一个人松开狗。当狗找到藏身者时，这个人将球扔给狗。这个游戏也是一种能够教会狗学会回应主人呼唤的有趣方式。

发声玩具 以捕捉小型猎物为目的而繁育的狗，以及猎犬等具有强烈捕食本能的狗，它们都喜欢玩会发出声音的玩具。吱吱声代表着受伤动物的叫声，能够

激起狗追逐和捕猎的本能。有些狗甚至可能会把玩具咬成碎片，直到玩具停止发声，所以要确保玩具不含会导致狗窒息的小零件或锋利的碎片。

儿童和游戏

狗和孩子可以分享生活的乐趣及对生活的热爱，经过一段时间的适应，他们可以成为彼此最好的朋友。孩子们在玩耍时可能会对狗动粗，因此宠物主人要时刻监督着他们之间所有的互动和玩耍。为了避免狗反抗报复，主人要随时做好给予解决矛盾和指导的准备。以下建议有助于确保双方都能安全地、愉悦地玩耍。

■ 向孩子解释玩耍是很有趣的，但不能逗弄狗，因为这样狗会

△ 游戏互动
孩子们充满热情和乐趣，可以成为优秀的训犬师。有良好社交能力的狗会以兴奋和活力回应他们，并享受游戏过程。

> **"游戏**可以让**成犬或幼犬**以一种**有趣的方式表达**它们的**本能。"**

拔河比赛
无论是和同伴一起玩耍还是和它们的
主人一起玩耍，像拔河一样拉拽玩具
的游戏对狗来说是非常有趣的。和另
一只狗进行一场友谊赛可以教会幼犬
重要的社交技能，如合作和宽容。

定期梳理

无论什么品种的狗，定期梳理毛发对它们的健康和动物福利都至关重要。即使是对短毛狗来说也是一样的，而选择合适的梳理工具会使梳理毛发变得更加简单且易上手。

梳理须知

定期梳理毛发对所有的狗都有好处，所以一定要留出时间给它们梳理。除了去除已经脱落的毛发，梳理毛发对狗的皮肤也有好处，能够降低狗感染跳蚤和蜱虫等寄生虫的风险。宠物主人也可以趁机检查一下狗身上是否有肿块、疙瘩或需要去医院处理的伤口（详见第96~97页）。梳理毛发能使狗放松下来，并有助于增进狗和主人之间的感情。

很显然，长毛犬需要梳理得更加频繁，有些品种甚至需要每

△ **梳理毛发**
无论是什么品种的狗，都应该经常给它梳理毛发，避免毛发结团，并检查是否有寄生虫。

天都为它梳理。短毛犬则每周只需要梳理一次即可。无论狗的被毛长度和质地如何，都应该定期为它梳理。长毛犬的毛发结团对它来说是很不舒服的，毛团一旦形成则很难去除。同样，也要保持毛发和皮肤的清洁，避免藏污纳垢，因为污垢会诱导狗的皮肤发生刺激性反应。

给狗梳理毛发时，需要特别注意腹股沟、耳朵、腿和胸口等部位，因为这些地方会相互摩擦。并且这些部位的毛发容易结团，尤其是对长毛品种来说，如西班

毛发类型

不同品种狗的毛发类型千差万别，所以它们需要不同的梳理频率。长着短、光滑、硬毛的狗通常比那些长着长毛、卷毛或绳状毛的狗需要的梳理频率低。

短毛型

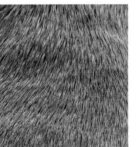

光滑型

硬毛型

卷曲型

长毛型

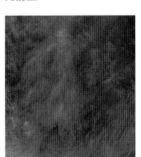

细长毛型

卷曲绳型

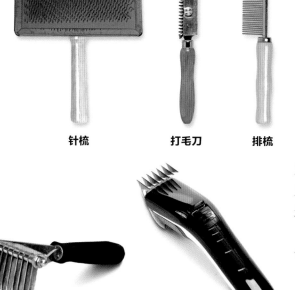

▷ 梳理工具包

给狗梳理毛发的工具应包含如图所示的一些物品。有多种工具可供选择，每种毛发类型都有其相对应的工具。购买工具之前，可以咨询专业的美容师或饲养员，确保选择的工具正确。每次使用后及时清洗工具，以减少污染的风险。

| 针梳 | 打毛刀 | 排梳 | 指甲剪 | 橡皮刷 |

宠物美容剪

开结梳

电推剪

牙猎犬。还需要密切关注爪子底面和尾巴的内侧，因为这些部位很容易藏污纳垢。

既然给狗梳理毛发很重要，那么宠物主人就不能疏忽大意。使用带有金属齿的工具时要注意——用力过猛或在同一个地方反复梳理会导致狗的皮肤被划伤，这种伤被称为擦伤。当所有浮毛都被清除掉，并且发现有超过一半的毛发很难被梳下来时，就意味着梳理工作完成了。给狗梳理毛发时保持平静、放松，不要用

蛮力。狗可能会因为很多原因感到不舒服，如在替它去除结团的毛发时。当它感到不舒服时不要着急和担心，可以用一些食物来帮助缓和它的情绪。尽管一味地使用蛮力可以很快地完成梳理，但这会使以后的梳理过程变得更

加困难，因为狗会感受到梳理毛发所带来的痛苦，从而就会试图逃避梳理。

专业工具

市面上有许多专业的梳理工具可供选择，这些专业工具可以使梳理过程变得更加高效。根据不同的毛发类型选择所对应的工具是很重要的。例如，不同类型梳子的齿的长度是不同的，又或者存在有无手柄的差别等。刷头也有不同的形状和大小。宠物主人需要花一些时间来选择自己用起来顺手并与狗的体型相匹配的梳理工具。

> **"长毛犬**需要**更加频繁**地梳理，有些品种甚至需要**每天为它们梳理。"**

美毛造型秀

为了赢得比赛，宠物主人会非常认真地梳理狗的毛发。有些品种的狗会带着宠物主人精心设计的造型如期出现在展示台上。这需要宠物主人耗费大量心血去使狗的毛发保持在完美的状态中。约克夏梗犬（如图所示）和阿富汗猎犬看起来非常漂亮，但它们的毛发很快就会缠结在一起，需要经常给它们梳理来保持美观。除了参加造型秀比赛，大多数宠物主人是实用派的，会把狗的毛发修剪成更短、更好打理的样式。

给狗洗澡

偶尔洗澡对狗来说是一件很有趣的事，尤其是对于从小就养成洗澡习惯的狗来说。洗澡对狗皮肤和毛发的清洁护理是非常重要的，可以最大程度地去除污垢、臭味和缓解脱毛。

狗洗澡的频率取决于它的毛发类型。一些长毛狗有"双层被毛"，底层是一层绒毛，上层是浓密的保护毛。保护毛使拥有双层被毛的狗具有天然的防污能力，所以它们不需要经常洗澡，一年两次就足够了。而单层毛的短毛狗则需要频繁地洗澡，大约每三个月一次。像贵宾犬这样的卷毛犬不会脱毛，所以它们洗澡的次数则需要更频繁，大概一个

月一次。但是也不要过于频繁地给狗洗澡，因为过度洗澡会导致毛发产生额外的油脂来补偿它本身所失去的油脂，这反过来会增加狗的体味。如果狗在散步过程中身上沾染了泥土，它不一定需要洗澡，只要等泥土干了，再用梳子把毛发梳理干净就可以了。

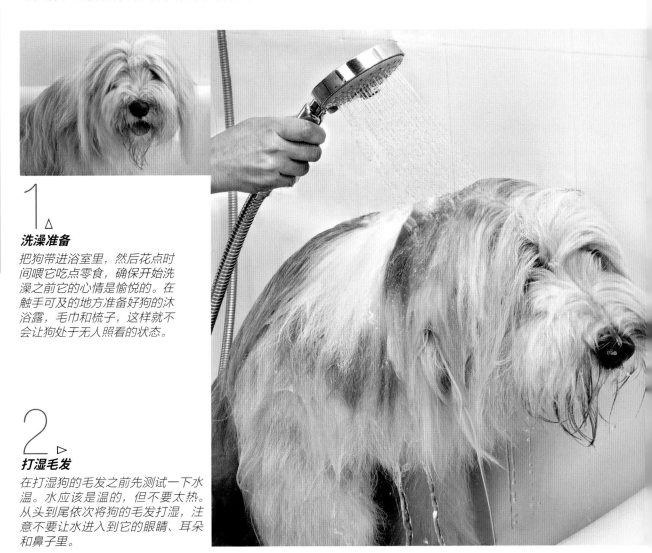

1 △
洗澡准备

把狗带进浴室里，然后花点时间喂它吃点零食，确保开始洗澡之前它的心情是愉悦的。在触手可及的地方准备好狗的沐浴露，毛巾和梳子，这样就不会让狗处于无人照看的状态。

2 ▷
打湿毛发

在打湿狗的毛发之前先测试一下水温。水应该是温的，但不要太热。从头到尾依次将狗的毛发打湿，注意不要让水进入到它的眼睛、耳朵和鼻子里。

3 ▽▷

涂抹沐浴露和揉搓

使用沐浴露并轻轻揉搓，使沐浴露均匀地涂抹在狗的皮肤和毛发上。

4 ◁

将沐浴露冲洗干净

用温水彻底将狗身上的沐浴露冲洗干净。残留的沐浴露会对皮肤造成刺激。

5 ▵

擦干毛发

先用手把毛发里多余的水挤出来，然后用毛巾把它全身擦干，这样它的毛发就基本上干了。最后，如果狗能接受吹风机噪声的话，把吹风机调到低温然后把狗毛彻底吹干，可以边吹边给它梳毛。

洗澡时间

在天气暖和的时候，在室外给狗洗澡
会比在室内更容易。洗澡的时候要用
温水和犬专用配方沐浴露，洗完后应
立即用毛巾帮它擦干，以防着凉。

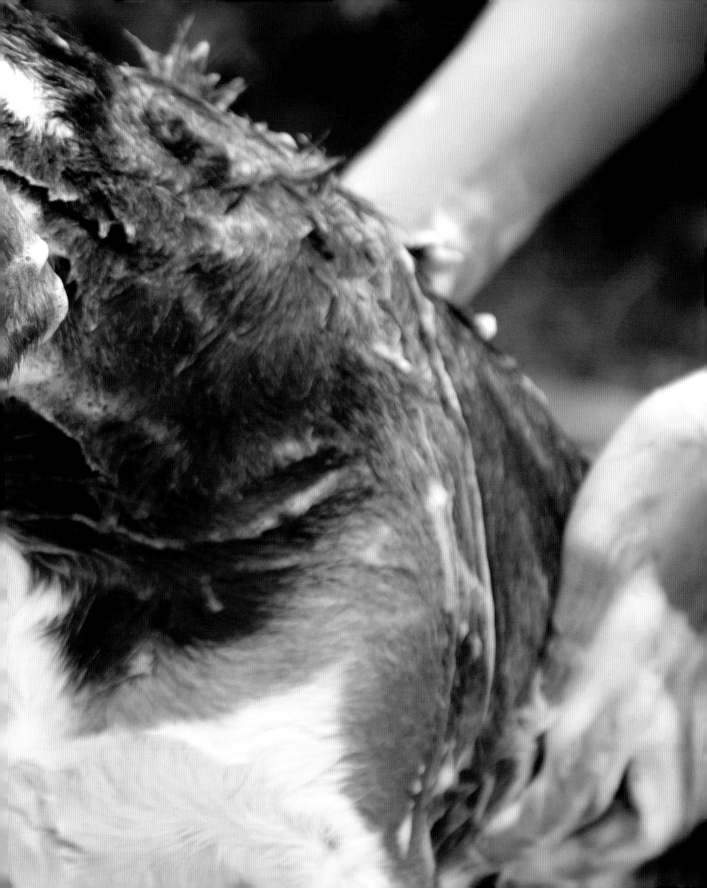

长毛犬

长毛犬比短毛犬需要更频繁地梳理毛发。可以借助梳理工具使它们的毛发保持良好的状态，这些工具包括针梳、钉耙梳、排梳和开结梳，以及美容剪。

需要每天给长毛犬梳理毛发，以防止毛发缠绕打结。像阿富汗猎犬这样的品种，它们的毛发纤细如丝，所以容易缠绕打结。其他一些狗则因为毛发长度的原因而不能自行脱毛，从而形成厚厚的毛团。定期梳理毛发会避免狗出现上述问题——如果养的是长毛犬，宠物主人不能仅靠偶尔去找专业的宠物美容师进行毛发梳理。如果两次梳理的时间间隔太长，不仅狗闻起来会有异味，看起来也很脏，而且当要去除堆积起来的毛团时，对它来说也是很痛苦的。狗散步后感到疲惫时，给它梳理毛发是最容易的。

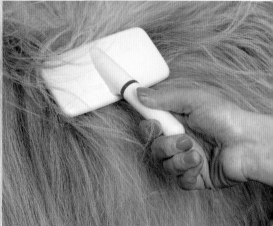

1 ◁
开结梳

缠绕在一起的毛发很难去除，并且会给狗带来疼痛，因为在去除毛团时，不可避免地会拔掉一些毛发。为了使去除毛团更容易，首先用开结梳把缠绕在一起的毛发分成多个一小撮一小撮的毛发。

2 △
针梳

一旦大块的毛团被清理干净，则用针梳梳一遍狗的毛发，直到没有任何小结节。在梳腿部周围的毛发时要特别小心。

$4.$ △

修面

脸部的毛发留到最后打理。仔细梳理嘴巴周围的毛发。一只精心梳理过的狗只会在梳子上留下少许的毛发，并且很容易清理掉。

$3.$ △

梳理毛发

挑选一个部位的毛发，用一只手轻轻握住耙梳，然后将毛发梳通顺。系统性地从狗身体一侧的头部梳到尾部，然后再梳身体的另一侧。

" 需要**每天**给**长毛犬**梳理毛发，以免毛发**缠绕**打结。"

修剪脚周毛发（根据毛发的长短）

将剪刀平放在狗的脚垫上，然后修剪毛发，使其与脚底齐平。

然后把爪子转过来，修剪脚趾的顶部边缘处。梳理并修剪脚趾间的毛发。

短毛犬

尽管短毛犬比长毛犬需要梳理的频率低，但定期梳理对它们也是有益的。打毛刀和吹风机都可以有效去除短毛犬身上脱落的毛发。

短毛犬只需每天两分钟的简单梳理和每周一次的彻底梳理，就可以保持毛发的完美状态。每周梳理毛发时，先用吹风机的低档吹掉狗身上已经脱落的毛发。接着进行全面的梳理，确保不忽略任何部位。然后用打毛刀去除脱落的毛发。当所有脱落的毛发都被清理干净时或者梳下来的毛发较少时就可以结束梳理。可以按照自己的喜好选择用湿毛巾或护发素来增加毛发的光泽。

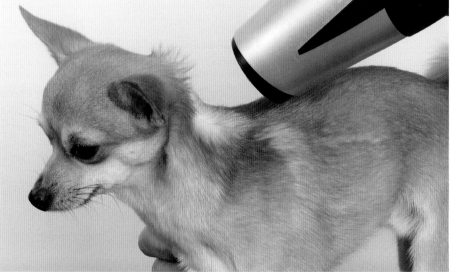

1. 洗澡

短毛犬只需要每三个月左右洗一次澡。短毛犬在家里洗澡非常方便。洗澡时要使用防滑垫来保证狗的安全。

2. 使用吹风机

吹风机是去除短毛犬脱落的毛发和污垢的有效方法，尽管有些狗不喜欢这种噪声。若使用吹风机，最好选择低挡位。

3. 打毛刀

打毛刀可以去除短毛犬身上所有脱落的毛发。将刀片轻轻地梳过它的身体，沿着毛发生长的方向梳理。

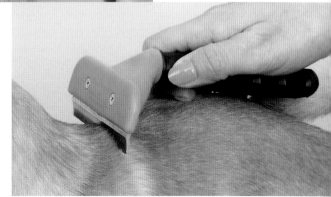

4.

所有流程结束之后
定期梳理后狗会更干净、无异味且很少掉毛，这对宠物主人和狗来说是双赢的。

硬毛犬和卷毛犬

许多硬毛犬和卷毛犬的主人会选择送狗去专业的美容院。或者，在家里学习狗美容的必要技巧。

手动拔毛

手动拔毛是一种用手从根部拔出狗毛的方法。适用于某些硬毛品种犬——通常是工作犬，如边境梗，也适用于一些表演犬。这是一种非常耗时的方法，对于宠物狗来说并不是必要的。最好在狗的毛发开始自然脱落或掉毛时进行手动拔毛。掉毛通常每年发生两次，这时拔毛不仅更容易，对狗的刺激也更小。许多美容师更喜欢用手指一次从狗被毛上拔出几根毛发。然而，有几种工具可以使狗的美容过程更易操作，例如，浮石、手动拔毛刀、脱毛梳和美容剪。

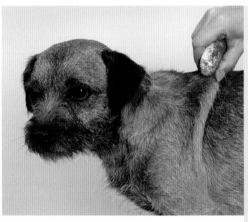

1 △
浮石
浮石质地粗糙，非常适合去除狗的粗糙毛发。石头应该沿着毛发生长的方向轻轻地拖过毛发的顶部。

2 ▷
手动拔毛刀
这是一个很好的工具，可以用来去除硬毛品种的粗糙表层，也可以用来"梳理"内层毛发。可快速、轻松地去除脱落的毛发。

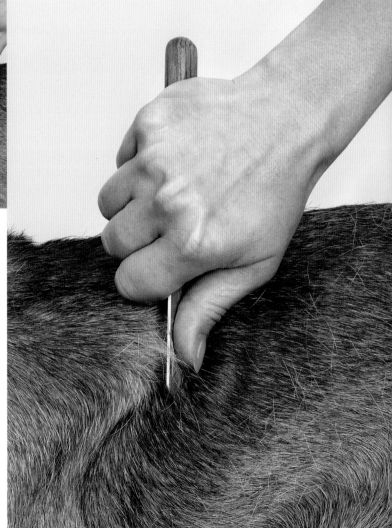

3.▽
脱毛梳

有许多类型的脱毛梳可选，一些有大的柔性刀片，一些有固定的齿。本质上，这是一个锯齿状的刀片，用于去除松散的内层毛，同时保留表层毛的完整。

4▷
美容剪

一旦所有脱落的毛发被去除，狗毛发会显得很稀疏。最好通过修剪四肢的毛发来完成梳理，使毛发平整美观。然后用打薄剪刀修剪腿和脸周围的细毛。

剪刀修剪

　　剪刀是梳理不易脱毛、卷毛品种（如贵宾犬）的重要工具。有很多类型的剪刀，通常一分钱一分货。如何正确地使用剪刀，需要培训和练习。用拇指和其他手指轻轻夹住剪刀，就像使用铅笔一样。使用的力气和剪刀的位置应该保持不变，否则毛发长短不一。修剪应该在洗澡后或毛发洁净干燥时进行，非常脏或油腻的毛发是无法修剪的。

 使用电推剪
选择合适的刀片。"5号"刀片是一个很好的选择，能让毛发留下大约1厘米（½英寸）的长度。对于没有经验的美容师来说，安全起见可以使用护发梳，这样更不容易出错。

其他清洁需求

需要注意的不仅仅是狗的皮毛——它的牙齿、耳朵和指甲也需要定期护理，以保持狗的健康和最佳状态。

牙齿清洁

每周刷牙对狗的牙齿是有益的，器具选用狗专用产品。首先让狗习惯刷牙的感觉：手放在它的鼻梁上，用拇指按住它的下巴，让它的嘴闭上。习惯之后，用另一只手轻轻地提起它的上唇，露出牙齿。如果狗情绪稳定，可以将牙刷或手指刷放入其脸颊内刷牙。

一开始，牙齿清洁对狗来说是一种奇怪的体验，所以在每个阶段都给它一些食物，让它放松，鼓励它以后好好练习。如果它在这个过程中表现出攻击性或焦虑的迹象，轻柔地抚摸它几分钟，然后再试一次。

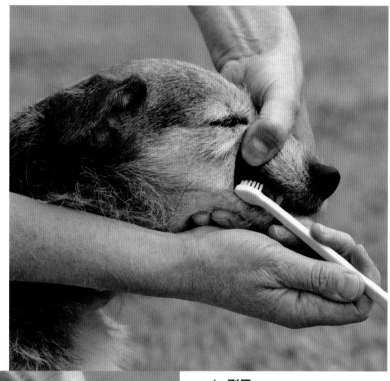

◁ △ **刷牙**
刷牙最重要的是要沿着牙龈线以及牙齿的外表面刷。轻轻地以圆周运动的方式移动刷子，而不是左右擦拭。使用手指刷会更容易操作，手指刷是一种中空的塑料管，可以套在手指上，有内置的刷毛。可以更灵活地在狗嘴周围移动，并防止用力过猛。

" 对狗来说，**牙齿清洁**可能是一种**奇怪的体验**，所以需要让它**放松**。"

耳朵清洁

定期检查狗的耳朵是否有分泌物、难闻的气味、发红、发炎或耳螨迹象。任何这些症状都可能是感染的信号，出现这些症状应该寻求宠物医生的帮助（详见第114~115页）。每月清洁耳朵可以保持耳朵的健康，防止感染。这对西班牙猎犬等垂耳犬来说尤其重要。

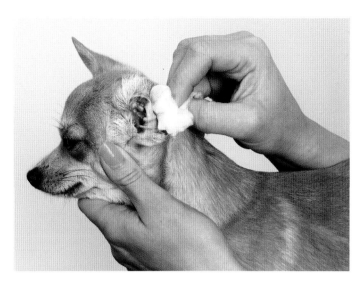

◁ **使用抗菌耳清洁剂**
抗菌耳清洁剂可以涂在棉絮上，用来擦拭狗的外耳道。不要将棉絮或任何其他物品插入狗的耳道中。

修剪指甲

多久修剪一次指甲取决于狗本身和它的生活方式，对大多数狗来说，每月修剪一次就足够了。指甲需要修剪到"血线"的位置，这是血管和神经所在的地方。如果指甲剪得太短，会剪到血线，导致指甲大量流血。

牢牢抓住狗的脚，以避免它在剪指甲时乱动。将指甲剪放在指甲血线的下方，并以平稳的动作快速剪掉指甲。如果剪到血线，保持冷静，在指甲上涂抹少量止血粉，用力按压直到停止出血。

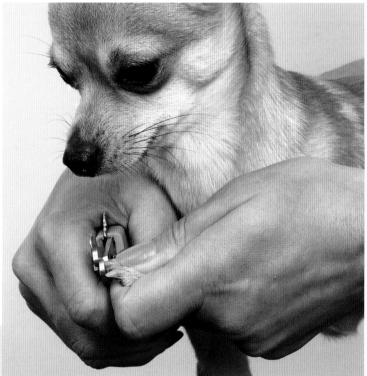

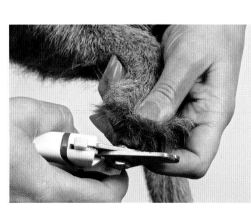

◁ **黑色的指甲**
对黑色犬来说剪指甲是一个挑战，因为剪指甲的时候，只能看到指甲中心的一个小白点。一次只修剪一小部分，以防剪到指甲内的血线。

△ **白色的指甲**
相比黑色指甲的狗，白色指甲的狗更容易看到指甲内的血线。指甲中间有两种颜色的粉色区域，剪指甲一定要在指甲血线以下部位。

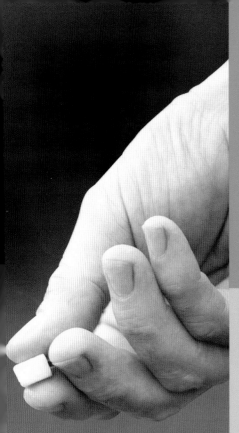

3

训练
和行为

让狗学会服从

宠物主人能否与狗建立良好的关系，决定了它的行为是否良好。训练狗，要学会用狗能理解的清晰、平静的方式来传达指令，使它能对指令做出积极的回应。

设定规则

狗并非天生顽皮，它们其实是高度群居的动物，渴望规则和界限。然而，幼犬并非天生就知道规则是什么，即使它再长大一些，训练前也无法掌握所有应遵守的规则。所以首先，宠物主人要确定一套重要的规则，然后通过不同的训练始终如一地执行这些规则，例如，以奖励为基础的训练（详见第 69 页）。训练过程中，宠物主人应迅速及时地制止一切违反规则的行为。这样，狗才能很快知道哪些行为是可接受的，哪些是不可接受的。

不需要用向狗展示自己的力量及支配地位的方式来强迫它执行这些规则。优秀的宠物主人应该冷静、公正且和蔼，也就是说当狗犯错时，应该帮助它理解，而不是生气、冲它大喊大叫。在相互尊重的基础上建立关系会让双方都更快乐。

只要狗明白自己需要做什么，它就会很乐意听从宠物主人的命令。如果训练出现问题，通常是因为沟通不畅。因为狗与人有不同的动机和需求，宠物主人应花点时间了解狗是如何学习的，以及什么样的指示能让它照做，这将有助于让设定的期望更符合实际。

△ **清晰的沟通**
要成为优秀的宠物主人，就应该去理解狗如何与世界互动，并以它能够理解的方式训练它。

◁ **和睦相处**
一段健康的关系是这样的：狗感到很自在，因为它知道作为宠物它需要做什么，而宠物主人也很享受有一只听话的狗的陪伴。

△ **避免混淆**
如果在做手势的同时发出声音指令，狗会倾向于学习手势，而忽略声音指令。

声音和手势指令

　　声音是一个很有用的训练工具，但不要忘记狗无法理解人类的语言。只有通过反复训练，且每次训练时指令单词发音都一致，它才能记住这些单词的发音，以及听到这些单词时应该做什么。如果第一天用"坐"训练狗，第二天却换成"坐下"，这会让狗感到困惑，并增加训练的难度。宠

物主人说话的语气也同样重要。狗会通过语气来判断它做的事情是否正确，所以在训练新指令时，一定要保持愉快的语气。

　　狗也会通过观察宠物主人的肢体语言去了解周围的情况以及宠物主人要求它做什么。然而，就像不理解人类的语言一样，它们也无法理解宠物主人做出的手势，即当主人把手指向某物时是想将它们的注意力引导到所指位置而非自己的手指上。

　　比起声音指令，狗更容易理

△ **保持专注**
如果狗因周围的环境而分心，宠物主人不要生气，而是应该采取行动让它的注意力回到自己身上。可以使用零食或玩具，甚至是追逐游戏，来重新吸引狗的注意。

解手势，尤其是幼犬，因为它们的大脑只有一小部分可以处理语言信息。一旦幼犬理解了手势，并且每次都能准确地做出反应，就可以在手势之前添加一个声音指令。最终，经过多次重复训练，它们也能响应单独的声音指令。

　　记住，狗一次只能专注于一件事。训练时要有耐心，确保它已经完全学会一个指令之后再尝试教它新的指令。

群体行为

　　狗是群居动物，和人类一样，它们需要社交，并建立牢固的社会关系。因为它们的祖先曾经群居生活过，所以狗会自然而然地选择一位可以尊敬和追随的首领。如果没有一个强有力的首领，它们可能会变得难以驾驭。通过表扬和表达喜爱给予认可会让它感到安全和被爱。如果感觉到宠物主人生气或心情烦躁，它们可能会害怕或退缩不前。

基本训练

训练对宠物主人和狗来说都应该是愉快的经历。这一部分将展示如何开展训练，如果有任何困惑，一定要及时向专业的训犬师寻求帮助。

训练的时间

训练时有很多事情要考虑，但最重要的是选择合适的训练时间。相比每天一次长时间的训练，每天进行数分钟的多次训练，效果要好得多。宠物主人应选择在自己放松且悠闲的时间开展训练，否则狗会感受到主人的紧张，并在它尝试取悦主人的过程中更容易出错。

对于幼犬来说，训练时还要考虑它的心情，过度兴奋且还未有太多训练经历的幼犬是很难被训练的。而刚刚饱餐一顿的幼犬会感到困倦，不容易受食物的吸引。宠物主人应在安静、无干扰的环境中开展训练，如客厅，在尝试训练新的或困难的指令时尤其如此。在还未进行过足够多的

> **"训练**需要**让狗意识到**它是因为**特定行为得到奖励，**而不是因为其他行为。**"**

◁ **室内训练**

一开始在室内训练，远离外界环境的干扰。开始室外训练时，从安静封闭的地方开始，远离其他狗和人。

训练的黄金法则

- 训练时长要短。
- 结束时进行游戏奖励。
- 指令清晰一致。
- 在正确时间给予指令，奖励准确及时。
- 要有耐心。
- 拆解任务分阶段开展训练，掌握一个阶段后再进入下一个阶段。

△ ▷ **把零食或玩具当作奖励**
零食奖励要小、软且有香味。在训练过程中它们若能及时获得这些零食并快速吃完，训练效果最好。对于爱玩的狗来说，给予它们最喜欢的玩具也是极大的奖励。

训练之前，不要在公园等高度分散注意力的环境中开展训练。

基于奖励的训练

训练需要让狗意识到它是因为特定行为得到奖励，而不是因为其他行为。狗会更频繁地重复所有得到持续奖励的行为。这也意味着没有得到奖励的不良行为很快就会消失，并被得到奖励的行为取代。为了让狗明白应该怎么做，要在适当的时候给予或拒绝奖励。奖励可以包括食物、玩具游戏、简单的赞美和关爱，甚至是允许它与其他狗玩耍。记住，并不是所有的狗都会被同样的奖励吸引。宠物主人需要花些时间找到真正吸引它的东西，并以此作为奖励。在预期的行为之后应立即给予奖励，这也意味着永远不要在训练时使用惩罚。

最简单的基于奖励的训练方法之一是使用食物引诱狗待在指定的位置。更复杂的行为可以通过"塑造法"分阶段教授和奖励。所以，如果想让狗坐着，每当它的动作靠近地面时，就给予奖励，它就会意识到自己被要求做什么。如果每一次微小的尝试都能得到奖励，它就会不断重复这个行为。宠物主人还要通过限制狗的选择以防它做出错误的决定来最大程度地提高训练成功率。例如，在远离其他狗的地方或在没有干扰的房间里开展训练。

无论计划何时开展训练，宠物主人都要随身携带奖品。另外，可以购买装备来辅助训练，如项圈、牵引绳和背带。应选择既适合自己使用又适合狗佩戴的装备，并请教专业人士帮助安装和指导如何正确使用。要记住，虽然好的装备在训练期间是保证狗安全的必需品，但要避免过度依赖它们。归根结底，良好的训练才是最重要的，装备也会有被遗忘在家或损坏的时候。

"坐"和"等"

"坐"和"等"指令是最基本的也是最有用的训练，可以帮助宠物主人在任何情况下控制狗。训练狗学会听从指令安稳坐下，可以改善大多数训练和行为问题。

"坐"

当狗自然地自己坐下时，应给予它们奖励，这是个非常简单的训练。但仍然需要花时间训练狗听从指令坐下，这样可以确保它在遇到会分散注意力的事物时能快速安稳地坐下来。这是最容易训练的指令之一，任何狗都能很容易学会。

1 ◁
狗四足站立状态

当狗站着时，拿一块零食放在它的鼻子前面。把食物往上移高于它的头顶，诱使它抬起鼻子嗅闻。

3 ▽
加上手势

一旦狗学会了坐下，训练它对清晰的手势做出反应，即手掌平摊并慢慢向上抬起。重复几次后，在该手势前加上"坐"的声音指令。

2 △
给予零食和表扬

当狗坐下时，奖励它零食并温柔地表扬它。如果它持续保持坐姿，继续表扬并再给它一些零食。

> **"坐下**是**最容易训练**的**指令**之一，任何狗**都能**很容易学会。"

"等"

狗学会了听从指令坐下后，要训练它"等"，手势可以是手平放且手掌朝下的动作。如果狗能服从"坐"和"等"的命令，宠物主人就能从容应对各种紧急情况。这些命令还有助于控制不必要的行为。与大多数基本训练不同，最好是在狗疲惫的时候训练它长时间等候，这样它会很乐意以一种姿势休息，更有可能保持不动。

2
加入移动
当狗学会了安稳地坐着不动时，宠物主人就可以向后退一步，把重心放在自己的后腿上，慢慢地离开它。

3
增加距离
狗坐着的时候，绕着它走动。如果它随宠物主人移动，平静地重新训练它"等"，让它安稳坐好，重复这样的步骤。慢慢移动，逐渐增加和狗之间的距离。

1
要求坐下
先让狗坐下，然后手掌朝下，给出"等"的声音指令，并立刻表扬它。

实用练习

狗掌握了"坐"和"等"的指令后，开始训练它"趴下"。从坐姿开始，首先将拿着零食的手放到地面上，诱使狗跟着手做动作。一旦它的双肘放在地上，立即给予奖励。等它安稳地趴好以后，给出一个清晰的手势，即手掌朝下并向下移动，然后再次诱使它趴下。下一步是训练它听从声音指令。先发出"趴下"的指令，然后再做手势。

▷ **确保狗感到安全**
只在狗感觉安全的环境中命令它趴下，因为趴下的姿势会让狗缺乏安全感。

牵引绳跟随训练

所有狗散步时都需要佩戴牵引绳以确保它们的安全。应训练狗在佩戴牵引绳的时候跟随宠物主人，而不是硬拉牵引绳，这让双方都能感觉到一起散步时很愉快。

比起成犬，在佩戴牵引绳的情况下训练幼犬跟随宠物主人会更容易，因为成犬坏习惯已经养成。但无论何时开始训练，都要设定严格的基本规则。一旦狗拉拽牵引绳，宠物主人必须立即停止行走，并用腿帮助它走到正确位置。训练初期会充满挫折，可能每隔几步就要停下。以下步骤描述了如何训练狗按照宠物主人的意愿行走，并在它正确行走时奖励它。

1 ◁
摆正位置
宠物主人左手拿零食吸引狗走到正确的位置。放低零食的高度，防止它跳起来；牵引绳的长度不宜过长，避免它偏离位置。

2 ▽
下一步
用零食持续吸引狗的注意力，愉快地叫它的名字，让它坐或站在宠物主人的腿边。

3.

在正确的位置给予奖励

向前走一步，停下来，如果狗也跟着宠物主人走到正确的位置上就奖励它零食。再往前走一步，如果它仍然跟在腿边，再次给予奖励。

4.

练习

在每次训练中，宠物主人应逐渐增加走的步数并再给予奖励。如果狗偏离路线或分心了，用零食吸引它回到正确的位置。

实用练习

每一个新环境对狗来说都具有挑战性，所以开始分阶段训练时，它每完成一个步骤就应给予奖励。如果它表现良好，能很好地走上几步，就可以尝试在远处有其他狗等干扰物存在时开展训练。如果狗开始拉拽牵引绳或完全被吸引，意味着它还没有准备好进入这一阶段训练。转移至较安静的区域，然后返回上一个阶段再次训练。

如果狗犯错，千万不要生气。训练跟随需要时间，应该预留足够的散步时间，因为可能需要停下很多次。有些狗，尤其是成年搜救犬，特别喜欢拉拽牵引绳，基础训练可能会失败。在这种情况下，最好向专业的训犬师寻求帮助。

尽量避免使用会收紧脖子的项圈。佩戴这些项圈无法更好地训练狗，并且有可能对它造成严重的伤害。

▷ **让狗更靠近**
当第一次在新环境中训练时，可以使用狗觉得特别有吸引力的特殊零食。

回应呼唤训练

对于宠物主人来说，在室外看着狗尽情伸展四肢是最快乐的时光。然而，在它能可靠地回应宠物主人的呼唤之前，解开牵引绳让它自由活动是很危险的。

一开始不应该在散步时进行回应呼唤训练，因为外界有太多的诱惑，会让狗分心，然后忽视宠物主人。可以在家里或院子里练习以下简单的步骤，让狗明白回到宠物主人身边总是更好的选择。

1 ▷
用零食吸引

用狗最喜欢的零食吸引它，让它专注于宠物主人。把零食拿在手上给它闻一下，另一个人配合宠物主人轻轻地牵住它的项圈，使它够不到零食。

2 △
呼唤

使狗的注意力专注在宠物主人身上，宠物主人走远几步，然后面对它蹲下，张开双臂，热情地呼唤它"过来"。此时，另一个人可以放开狗的项圈。

实用练习

一开始不要试图远距离开展回应呼唤训练，因为狗可能会分心；需要足够近的距离才能让狗专注于零食。

如果狗没有立即回到身边，也不要去追它。暂时走开，稍后再尝试训练。

不管狗花了多长时间才回到宠物主人的身边，当它过来时，千万不要责备它。因为狗无法理解宠物主人生气是因为它花了过长的时间，它只会认为回到主人身边是一件坏事！

一旦狗学会了回应每次呼唤，就可以逐渐停止奖励它零食，而是用表扬来代替。

△ **"到我这来"**
狗更倾向于对宠物主人的肢体语言做出反应，所以在呼唤时，一定要张开双臂，表示欢迎。

3. ▽

零食鼓励

当狗朝着宠物主人走来，在距离一两米远时，可以拿出零食，吸引它径直走向宠物主人。等它过来后，用零食稍微逗它一下，防止它抢到零食就跑开。

"好孩子！"

4. ▷

奖励和表扬

喂它零食时，用另一只手轻轻抓住项圈，挠它的下巴。表扬它，给予更多的零食，让它知道回到主人身边确实是有好处的。

趣味训练

训练不应该只停留在像"坐"这样的服从命令上。还可以进行一些非常有趣的训练，包括寻回玩具等游戏训练，或者趣味互动。

寻回训练

对狗来说，最有趣的游戏之一就是学习跟随指令寻回玩具。这种训练不需要宠物主人移动就能让狗得到很好的锻炼。没有狗生来就知道如何做寻回游戏，所以有必要先教它游戏规则。

引起兴趣

先拿着狗最喜欢的玩具，发出让它兴奋的声音，并通过移动玩具来逗它。

抛掷玩具

当它确实对玩具产生兴趣时，把玩具扔到它前方不远处，让它能跑过去接住玩具。

表扬它

当狗捡起玩具时，表扬它，但不要试图从它嘴里拿走。这只会让它想逃跑，独自去玩玩具。如果它主动交还玩具，就给它更多的表扬，或者零食奖励。

挥手

互动训练是狗和宠物主人建立亲密关系的好方法，并且可以让狗对训练产生兴趣。伸手训练可以简单地过渡到挥手训练，这个动作很利于互动，可以给对方留下深刻印象。训练时间同样要短，如果狗跳了起来，而不是挥手互动，则返回上个步骤重新开始训练。即使是最轻微的挥手动作也要给予它表扬和奖励。一旦它掌握了挥手，还可以将其发展成击掌（详见下文"实用练习"）。

伸手训练

把零食放在手掌上，握拳，让狗能闻到味道，但够不着。把拳头放在地面上，鼓励它探索。如果它尝试用爪子，就要表扬它。

举起拳头

当狗明白它必须用爪子触碰主人的手才能获得食物时，慢慢地把拳头从地板上移开。

挥手

连续训练成功后，将拳头越举越高，这样狗就必须抬起爪子并"挥手"才能获得奖励。

实用练习

当狗能自信地完成这些互动训练后，在发出手势之前，先给出声音指令。继续使用零食作为奖励，直到它能准确地响应单独的声音指令。训练它区分挥手和击掌的声音指令（见右图）。

一旦宠物主人单膝跪在狗的面前，它能自信地挥手或击掌，就可以尝试站着进行这项训练。每次它正确响应，都要好好奖励它。

▷ 击掌训练

把挥手变成击掌，宠物主人需要把一只手伸出去。当狗放下爪子时，让它落在主人的手掌上。轻轻支撑它的爪子，而不是握住爪子，防止让它误以为这是一种威胁。

训犬课程

参加训犬课程是教会犬做出良好行为的好方法。在上训犬课程时可以认识其他兴趣相投的人，并可以了解当地为狗主人提供的设施。

何时选择训犬课程

无论宠物主人在训犬方面有无经验，不管是幼犬还是成年流浪狗，只要开始养狗都可以参加训犬课程。集体训练课程对狗非常有用，也能锻炼宠物主人的训练技能。因为狗之间存在个体差异，课程中会根据这种差异开展针对性的训练，因此所有狗都能从中获益。此外，经验丰富的训犬师可以现场指导训练，及时纠正宠物主人在训练过程中的错误。参加集体训练也更容易保持狗的积极性。

但是胆小的狗以及对人和其他狗有攻击性的狗不适合参加集体课程。集体课程的环境可能会加剧这些行为问题，使其变得更加明显。通常情况下，在进入集体课程之前，最好由具备处理行为问题资质的训犬师一对一地训练这些狗。宠物主人如有任何疑问，可在注册课程之前询问。

训犬课程的选择

所在地一般会有一些训犬课程，可以询问其他狗主人或宠物医生，从其获得建议。选择的训犬师要得到官方机构认可，如训犬师协会（Association of Pet Dog Trainers）。在选择课程之前，应花时间实地参观训练课程。即使没有参加过训犬课程，也能快速感受到课程的好坏。在好的课程中狗是轻松的，主人也是愉悦的。避免选择忙乱、嘈杂的课程环境。

选择要点

- 课程规模小，狗数量少。
- 训犬师／狗的比值高。
- 训练方法积极，善用表扬、食物和玩具。
- 没有拴狗用的链子。
- 训练过程中没有责打。
- 轻松的环境。

> "**集体训练课程**对**狗非常有用**，也能**锻炼**宠物主人的**训练技能**。"

◁ **训犬课程**
训犬课程应该让所有在场的宠物主人和狗都感到愉快。知识经验丰富的训犬师会以友好、有效的方式主导训练。

服从性跟随训练
所有的训犬课程都会教导宠物主人如何训练狗跟随，这是基本技能。如果狗能在可控的环境中学会跟随，宠物主人很快就能自信地在公共场所遛狗。

行为问题

大多数从小就接受基本规则训练的狗都能愉快地融入家庭。但有些狗在一生中还是会出现一些不受欢迎的行为，它们需要接受进一步的训练。

训练和行为

破坏性行为

啖咬是狗的自然行为，但如果这个行为过度或是啖咬不适当的东西时，就会导致宠物主人和狗之间产生矛盾。狗之所以会变得具有破坏性，有一些常见的原因，例如，幼犬天生会出于好奇而啖咬东西，这种行为在出牙期会变得更加明显。随着年龄的增长和持续的训练，啖咬倾向会逐渐消失。有时，狗会为了发泄情绪而变得具有破坏性，以缓解肉体的疼痛或精神上的分离焦虑。不管它们的家庭生活多么幸福，以及宠物主人给予了它们多少帮助，和人类一样，狗也会患上精神疾病。目前公认狗也会患上分离焦虑症，病犬在主人离开期间会表现得极为痛苦。如果发生这种情况，必须及时向宠物医生和专业行为学家寻求建议。

健康的成犬偶尔也会出现啖咬或挖掘等破坏性行为。很多时候，这表明狗没有得到足够的精神满足，或者因为无法通过其他方式宣泄情绪而感到沮丧。例如，梗犬的本能是挖掘，允许它们在

◁ **啖咬问题**
幼犬天生喜欢用嘴来探查环境，但不要因此惩罚它们，否则它们会躲起来啖咬。

▽ **咬人问题**
幼犬之间玩闹时会咬对方，和人玩闹时也会如此，最好尽早纠正这个行为。如果幼犬玩得太兴奋了，只要走开就行，让它自己平复。

特定区域（如沙坑）挖掘寻找零食，可以避免院子其他地方遭到破坏。但这只适用于其他所有需求都得到满足的情况（如运动锻炼、营养需求和社交互动）。

解决问题

为了纠正这种破坏性行为，首先必须找到能让狗表达行为的可接受的方式。例如，啃咬家具的狗，可以训练它啃咬含有食物的特殊玩具作为替代。

训练的第一阶段是通过将指令与行为联系起来，提示正确的行为。例如，给狗藏有零食的玩具，当它开始嗅闻探索的时候，用清晰的声音表扬并告诉它"好孩子，咬"。在训练过程中，宠物主人必须做出一些临时改变来限制狗表现出不受欢迎的行为。如果试图消除啃咬家具的行为，就不要让狗在无人看管的情况下在家里自由活动，接触家具。如果这难以做到，可以考虑其他预防

△ **咀嚼玩具**
咀嚼玩具中有一些可以盛装零食，能用来解决一系列行为问题。应训练幼犬习惯每天安静地玩玩具。

措施，如使用苦味喷雾，让家具变得难吃。

在指令和正确行为之间建立了良好的联系之后，当狗行为不当时，就有了一个沟通渠道。在这种情况下，不要急于惩罚它。它并不是淘气，只是需要啃咬，不要指望它一下就明白家具和玩具之间的区别。如果发现它在啃咬家具，只需打断它（如拍手），然后把它的咀嚼玩具递给它，同时说"好孩子，咬"。

"啃咬家具的狗，可以训练它啃咬食物玩具作为替代。"

吠叫和扑跳

狗最常见的行为问题是对人吠叫和扑跳。这些行为由幼犬做出来很可爱，但如果犬成年后还做出这种行为就会令人恼火。

吠叫

狗过度吠叫的行为会给家庭带来困扰，也会导致邻里之间的矛盾。与常见的行为问题一样，狗吠叫是完全正常的行为。狗的基因决定它们会有吠叫的行为，因此希望一只狗永远不叫是很没有道理的，应该训练它们只在特定情况下适度吠叫。并且，当狗长时间被关在房间里或院子里时，它们也会不停地吠叫。如果发生这种情况，就应该改变狗的日常生活模式，给予它们更多的自由，来减少吠叫的行为。

控制吠叫问题的最简单方法是训练狗服从命令，然后再训练它服从"安静"指令。训练狗"叫"是一个很好的游戏，大多数喜欢吠叫的狗很快就能学会。训练一开始可以做一些通常会让狗吠叫的事情，如挥舞玩具或敲门。确认某种行为能引起狗吠叫后，在它们吠叫之前插入"叫"的指令。表扬它们的吠叫，然后靠近它们，将零食放在狗鼻子前面阻止吠叫。然后发出"安静"

◁ **小心有狗**

狗经常会对经过自家领地的人或其他狗吠叫。它们的意图可能是友好的，但对一些人来说，可能会被吓到，因此，对这种行为应该加以劝阻。

△ **防吠措施**
如果狗不停地对路人或领地上的陌生人吠叫，可以尝试拉上窗帘阻挡它的视线。

▷ **无需关注**
如果幼犬跳起来，不要给予关注，也不要大惊小怪。只有当它停止扑跳时，才给予表扬。

指令，给予零食奖励。这种训练可以在每次游戏过程中重复几次，并以有趣的拔河或类似游戏结束。

但是，如果狗的吠叫是有攻击性的，千万不要开始这种训练。狗对人和其他狗尖声吠叫，这就预示着有攻击性（详见第85页），在这种情况下，需要咨询专业的行为学家。

> **"带幼犬回家的第一天就要训练它们停止扑跳的行为，为以后的生活节省大量的时间和精力。"**

扑跳

扑跳也许是人们最常抱怨的行为问题，同时，这个行为多数是由宠物主人自己引起的。幼犬喜欢扑跳，试图靠近人们的脸和手，因为它们知道这是人类表达情感的方式。扑跳的幼犬看起来既可爱又有趣，所以宠物主人自然而然就会鼓励这种行为。然而，没过多久它们的体型就会变成原来的两倍，这种扑跳习惯也会变得烦人和令人痛苦，并且潜藏危险。因此，带幼犬回家的第一天就要训练它们停止扑跳的行为，为以后的生活节省大量的时间和精力。

但如果狗已经成年并习惯性地向人扑跳，就需要训练它，让它明白这是不可接受的行为。这时只需简单地按照指导训练它

"坐"（详见第70页）。狗坐下后就跳不起来了，问题也就解决了。但如果"坐"指令无法让狗抗拒扑跳的冲动，那就要安排专门的训练来解决这个问题。首先给它佩戴一条短的牵引绳，让另一个人慢慢靠近自己。如果狗按照指令乖乖地坐着，那个人就可以继续靠近并表扬它，但如果狗过于兴奋而跳起来，就必须走开。

训练有了进展，就可以脱下牵引绳，但仍然需要提醒狗"坐"。每个人都要遵守训练规则确保不让狗跳起来，否则训练就会失败。当狗顺从地坐着时，不要因为满意而忘记表扬它。如果它没有得到任何表扬，就有可能再次跳起来试图吸引宠物主人的注意。

逃跑和攻击性

即使尽了最大努力，狗仍然可能会出现严重的行为问题。逃跑和攻击性行为最常见，且存在潜在的危险。

84

训练和行为

逃跑

所有的狗都喜欢自由奔跑，尽情伸展四肢，玩玩具或和其他狗玩耍。但可能会碰巧遇到害怕狗的人或者不友善的狗，所以解开牵引绳是不安全的，除非它可以回应呼唤，回到宠物主人身边。通常情况下，如果宠物主人在还没有进行回应呼唤训练之前就解开牵引绳允许狗自由玩耍，它们就会从宠物主人身边逃跑。出于各种原因，狗习惯性地从宠物主人身边逃跑。因为它们整天都在家里陪伴宠物主人，外界的诱惑对它们来说吸引力太大了，这是非常正常的，不用生气，要避免狗把回到宠物主人身边当作玩乐即将结束的信号。如果狗认为逃跑比和宠物主人待在一起更有意思，训练就要确保狗不仅能回到宠物主人身边，还能享受与宠物主人一起玩耍。

如果狗在没有干扰的环境中，如屋里或院子里，都做不到回到宠物主人身边，那么就不要期待它在散步时会乖乖听话回来。这个时候就要回到基础训练，在家里安静的环境中进行"回应呼唤训练"（详见第74~75页）。可以在许多生活场景中进行回应呼唤训练：试着在进食时间呼唤它到食盆这里来，或者扔出玩具后呼唤它回来。当狗回到身边时，记住一定要好好地表扬它。

一旦狗在家里能快速快乐地回到宠物主人身边，就可以把训练场地转移到室外了。用常用的牵引绳遛狗，同时再系上一条轻且长的牵引绳，并将其另一端收在口袋里。当到达一个安全、开放的场地时，解开常用的牵引绳并让狗注意到。这时它会以为自

△ **逃跑的狗**
外面的世界对狗充满诱惑。在解开牵引绳遛狗之前，应该在家里安静、受控的环境中经常进行回应呼唤训练。

▷ **回来吃零食**
应该训练狗知道回应呼唤回到宠物主人身边意味着会得到奖励，然后可以继续玩耍，只有偶尔才意味着散步结束。

攻击性

攻击性行为是狗在不舒服的情况下的自然反应。然而，为了确保宠物狗在任何情况下都可靠稳妥，必须让它们明白，对人类或其他狗释放攻击性是不可接受的行为。按照同样的逻辑，优秀的宠物主人要能随时注意到狗的痛苦，并采取措施帮它缓解使它更舒适，从源头上降低攻击性反应的风险。除了极少数受伤、疼痛或睡觉时受到惊吓的情况，大部分快乐且社交良好的狗并不具有攻击性。

永远不要挑衅一只有攻击性的狗。如果狗对人咆哮，它是在表示不满，并希望人走开。把它们按在地上，对它们大喊大叫或任何其他严厉的对待，随着时间的推移，只会导致狗为了保护自己而变得越来越有攻击性。

"攻击性行为是狗的自然反应，但在快乐且社交良好的狗中非常少见。"

由了，但事实上，长牵引绳仍然掌握在宠物主人手中。这条牵引绳只是安全绳，不要把它当作普通的牵引绳。就让它在地上拖着，避免收紧。然后试着像在家里训练的那样呼唤狗：叫它的名字，然后说"来"，宠物主人要站直，面带微笑地挥舞手臂！只要狗知道每次回到宠物主人身边都会得到零食奖励或表扬，它就会想要回来。

保持训练的多样性，多次呼唤狗回来，且让它完全无法预测。有时给予零食，有时则陪它玩耍。偶尔重新给它佩戴牵引绳，然后让它再次自由奔跑。可以让它在身边待一两分钟，也可以呼唤它过来后立刻让它走开。关键是一定要以某种方式表扬它回到身边的行为。

控制风险

具有攻击性的狗会给自己、其他人或其他狗带来危险。在没有专业指导的情况下，不要试图解决这个问题。首先，确保采取了控制措施，如给它戴上嘴套，外出时佩戴牵引绳，然后委托宠物医生寻找专业的、经过认证的狗行为学家，从其获得帮助。

佩戴牵引绳
在训练幼犬的时候，重点是制定明确的规则，以确保它知道哪些行为是被允许的。只要有耐心和毅力，即使是顽劣不堪的幼犬也能学乖。

比赛和运动

参加比赛和进行运动能够给宠物主人与狗带来乐趣和满足感，并且增强与狗之间的情感联系。有许多可以和狗一起参与的体育比赛可供选择。

狗展

狗展中有许多不同的活动可供选择。但是在参展之前，要在正规管理机构注册并熟悉规则。许多人会选择让狗先参加品种展览。然而，如果狗的表现没有预期的好，可能就会气馁。可以联系经验丰富的饲养员和狗展的训犬员，通过接受培训来提高成功概率。很多地方也都有伴侣犬表演赛，对于新手来说，这种小规模的比赛更能建立信心。

相对于品种展览比赛，服从性比赛竞争较少，对宠物也更友好。狗需要执行一系列的服从任务，如随行和坐卧。这种比赛通常是由不同难度等级的任务构成的，并根据狗完成任务的情况来判断它们的能力，任务包括跟随、等待、寻回和回应召唤。获得金奖的狗被认为是最听话的狗。

选择当地训犬俱乐部时，要确保该俱乐部使用本书中描述的积极训练方法。

敏捷性比赛

犬敏捷性比赛作为服从性比赛的替代品，现在变得越来越流行。比赛中狗要通过一系列的障碍，并且通过高水平的技巧和速度取胜。狗似乎永远都不会厌倦越过障碍物、跳环、穿隧道、绕杆、过跷跷板等项目。成功与否取决于和狗一起训练的程度，许多参赛选手都拥有自己的敏捷性训练设备或每周参加几次训练课程。不建议幼犬参加敏捷性训练，因为跳跃可能会伤害它们正在生

△ **人狗协作**
狗和宠物主人共同享受随着音乐舞蹈。要求做到跟随节奏、动作灵活、配合默契。

◁ **获胜的美好**
宠物主人与狗赢得的第一个奖章带来的喜悦，时隔多年也不会忘记。

长的骨头和关节。18 月龄以上的狗才被允许参加这项运动。

△ **绕杆运动**
绕杆运动是所有障碍中最难掌握的项目。这项运动要求狗在不错过每一根杆子的情况下以最快的速度跑过去。

△ **穿隧道和跳跃**
每个隧道的高度和形式各不相同，有些隧道的摆放方式使狗看不到出口。跳跃也各不相同，需要狗仔细判断高度和距离。

多样性

随着近年来犬类运动变得越来越流行，出现了服从性比赛和敏捷性训练等比赛训练方式。服从拉力赛（Rally-O）比赛风格较为随意，设有多种自由项目，正成为一项最受欢迎的运动。与传统服从性比赛不同，拉力赛的路线是预先确定好的，参赛犬不用听从裁判的指令，比赛过程中训犬师也可以鼓励狗。另一种比赛形式是自由地随着音乐舞蹈——也称人狗共舞，通过训练狗按照

"狗似乎**永远都不会厌倦越**过**障碍物、跳环、穿隧道**和**绕杆运动等项目。**"

一定顺序跳跃、旋转甚至是双腿走路，表演令人印象深刻的舞蹈。但本质上这些都是服从性动作，只是按照音乐节拍将它们组合起来。训犬俱乐部开设有许多新手课程可以帮助宠物主人训练狗。

另一种替代敏捷性比赛的运动是飞球运动，狗竞相追逐，越过障碍物，按下飞球箱，球从箱中发射，狗接住球跑回原点。飞球运动适合外向且精力充沛的喜欢玩寻回游戏的狗。内向无法融入集体的狗，可以玩接飞盘等游戏。狗接住飞盘的距离越远，得分越高，如果完成独特动作还能获得额外加分。

考核和活动

工作犬和猎犬考核选拔的训练强度非常高，但是对于释放狗的精力来说是非常有益的一种方式。并不是所有的狗都适合这种训练方式，如果感兴趣，建议先咨询相关专家。

工作犬考核

这些考核大多基于警犬考核设计，由于项目种类繁多且涉及的正式考核较少，因此吸引了许多宠物主人参加。狗要达到最高水平必须通过一系列难度不断增加的挑战。考核内容包括服从能力、敏捷性和嗅认能力。

服从能力考核包括跟随、寻回、听指令发出叫声、离开、等待和听到枪声保持冷静。敏捷性考核包括跨栏、跳远和爬墙。嗅认能力考核包括场地搜索和气味追踪。场地搜索中狗必须在指定区域内找到带有人类气味的物体。气味追踪要求狗沿着一个人几小时前走过的路径前进，并用鼻子探测地面颗粒或路径上留下的任何干扰气味。

枪猎犬考核

像拉布拉多猎犬一样的枪猎犬喜欢将物体带回给宠物主人。枪猎犬考核或野外考核（两者非常相似，野外考核不涉及射击）测试狗能否胜任猎犬的工作。考核包括驱赶和寻回猎物，以及不受枪支影响保持镇定。

其他活动

还有许多其他适合特定品种的小众运动，如纽芬兰犬和其混血犬的水域营救活动；阿富汗猎犬的比赛；寻血猎犬的追踪比赛；伯恩山犬的运送比赛。

还有许多针对所有品种狗的耐力赛，但是只有健康和较活泼的狗适合参加。这些活动包括犬远足、人犬协力越野赛（狗拉着人跑）、人犬骑行与滑雪（由狗拉着骑自行车或滑雪）、狗拉雪橇比赛以及护卫犬比赛，如IPO德国护卫犬赛，要求狗搜寻和逮捕"罪犯"。所有这些运动都能够改善狗的身心健康。人和狗在互动中获得的快乐更是不可估量的。

△ **畜牧犬**
有畜牧天性的狗如果无法释放这种本能，可能会出现行为问题。畜牧犬考核就非常适合这些犬种参加。

▷ **雪橇犬**
许多犬种是为了拉雪橇而繁育出来的。拉雪橇运动能让哈士奇之类的雪橇犬获得极大的满足感。

猎犬

对于宠物主人和狗来说，发挥猎犬真正的潜力是相当激动人心的。猎犬是为了帮助人打猎而培育的品种，天性使得它们能胜任这份工作。所以激发它们潜力的真正诀窍就是训练服从性和注入热情。

4

狗的健康

健康的表现

综合考虑个体差异、品种和年龄等因素，通过狗的外表和行为可以很容易地判断其健康状况。当宠物主人了解了自己的狗，就能毫不费力地判断它是否健康。

健康的表现

　　眼睛明亮，皮毛光滑，鼻子湿润微凉是常用的判断狗身体健康的标准，但是这些标准不是一成不变的。无论健康与否，眼睛都可能会随着年龄的增长而变得暗淡；而硬毛犬的皮毛看起来没有那么光滑；健康狗的鼻子也可能是温暖而干燥的。

　　狗的体型和体重保持稳定则是更有效的健康指标：异常肿胀、体重突然下降和腹胀都有可能是早期的健康预警。因此，在幼犬成年前，要每周称重并绘制图表来监测其体重增加和成长状况，定期拍照留存。

　　狗排泄习惯的改变有时也体现了健康的变化，但是要注意存在个体差异。清理狗的粪便时，要学会根据排便频率、粪便质量的一致性和颜色去判断狗是否健康。

健康的表现

- ■ 机敏且警觉。
- ■ 能与家人和其他宠物轻松互动。
- ■ 自由活动，行动不僵硬。
- ■ 渴望运动。
- ■ 不会因为运动而过度疲劳。
- ■ 食欲旺盛。
- ■ 饮水量正常。
- ■ 排泄正常。

"**鼻子湿润微凉**是常用的判断狗身体健康的标准，但是这个**标准不是一成不变的。**"

▽ **完美的健康状态**
图片中狗看起来机敏警觉，体况良好，健康状况良好。所有的体征都表明它非常健康。

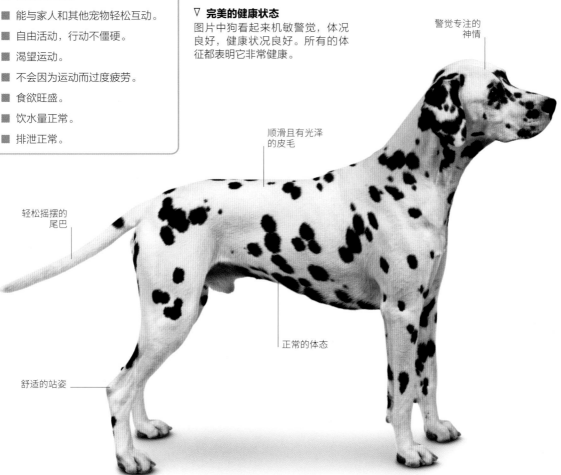

警觉专注的神情

顺滑且有光泽的皮毛

轻松摇摆的尾巴

正常的体态

舒适的站姿

家庭检查

从幼年期开始，就要让狗习惯被检查身体。如果能够注意到狗身体轻微的变化，将有助于尽早诊断出健康问题，治疗效果也会更好。

检查狗身体各个部位的时候，可以对狗说话，增加它的信心，并且使用如"牙齿""耳朵"等指令。首先观察体型和姿势有无明显异常，然后更加仔细地检查身体上有没有诸如伤口、肿块或者体外寄生虫（详见第136~137页）等异样。要沿着狗的头部、躯干、四肢以及尾巴的顺序将毛一点点拨开检查，尤其是臀部。正常情况下不会有跳蚤及其排泄物，皮毛的触感舒适无异味。抚摸的互动过程，能让宠物主人和狗都享受其中。

关于检查的操作小贴士

- 创造舒适的体验。
- 给予零食奖励。
- 表扬狗。
- 从耳朵到尾巴抚摸身体的每一处。
- 愉快地结束。

△ **眼睛**

眼睛周围无过多的眼泪或黏稠分泌物。但少量眼屎是正常的，用湿纸巾擦掉即可。轻轻拨开下眼睑，检查眼角膜和虹膜周围是否发炎红肿。

▷ **耳朵**

正常情况下触摸狗的耳朵，它不会感到疼痛。耳朵无肿胀，耳道干净、无异味。

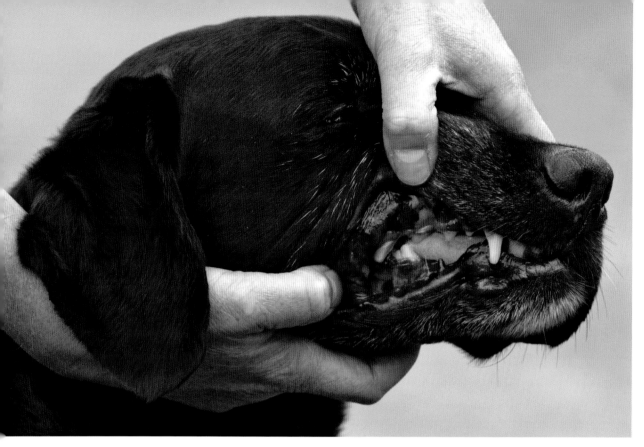

△ **牙齿**

正常情况下检查狗的口腔，为它刷牙，它不会反抗。抬起上唇，露出牙齿外表面。理想情况下，牙齿应该是白色的，但有可能会聚积少量棕色牙垢。牙龈湿润，呈现浅粉色，并且无口臭。

▽ **爪子**

从小就开始训练狗学会把爪子抬起来方便检查。宠物主人需要在脚趾间观察是否有草芒和螨虫。并且检查爪子是否肿胀与受伤，指甲是否过长。当四足站立时，指甲应该正好接触地面。

△ **尾巴**

检查尾巴下面的肛门附近是否有污物或肿胀，母犬的外阴是否肿胀或有分泌物，公犬的阴茎是否受伤、有大量分泌物或顶端出血。

幼犬健康检查

如果之前没有养过宠物，就需要到宠物医院进行登记注册。宠物主人可以根据朋友的建议、本地广告或者网页搜索结果，选择一家当地的宠物医院。

幼犬首次体检

只要宠物主人有空，应尽快带幼犬去宠物医院进行第一次体检。除非幼犬已经完成了疫苗接种，否则带它去宠物医院时要给它戴上项圈和牵引绳，以防它跳出宠物主人的怀抱，别让它接触地面。或者，让它待在航空箱里面。候诊室里可能有其他宠物以及它们的主人，会很吵，宠物主人应给予幼犬足够的安慰。

宠物医生很喜欢与幼犬相处，并且会对宠物主人的到来表示热烈欢迎。宠物医生会详细询问幼犬早期生活情况，包括它的出生日期、同窝幼犬数量、它与同窝其他幼犬相比是否有差异、它在家里生活的地点和方式、已经做了哪些驱虫处理以及所有关于该品种筛选测试的结果。如果幼犬已经完成了疫苗接种，应向宠物医生出示接种记录。

宠物医生会扫描幼犬以检查是否已经给它植入微型芯片（详见第 99 页方框），会给它称重并进行详细检查，包括使用耳镜检查它的耳朵和听诊心脏。如果幼犬尚未接种疫苗，当时就可以接种。宠物主人还需要提前做好后续预约以完成整套疫苗接种，并同意让宠物医生进行全程跟踪。

在离开宠物医院之前，医生会提供关于饮食、驱虫、绝育、社交、训练以及开车带狗出门旅行等方面的建议。如果宠物主人还需要获取其他信息，可随时咨询宠物医生。

▽ **与宠物医生见面**
幼犬应该处于放松的状态，并享受它在宠物医院的第一次体验。当宠物医生给它做检查时，宠物主人要在一旁进行安抚让它安心，并借此机会向宠物医生咨询所遇到的问题。

"宠物医生很喜欢与幼犬相处，并且会对宠物主人的到来表示热烈欢迎。"

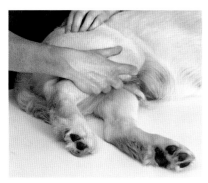

△ 检查四肢
宠物医生会轮流检查狗的每条腿，触摸骨骼，检查关节运动。这有助于及早发现遗传性疾病，如髋关节发育不良。

▷ 检查耳朵
宠物医生会使用耳镜对耳朵进行深入检查。幼犬常见的耳病是感染耳螨，耳螨很容易扩散，宠物医生会进行适当的治疗。

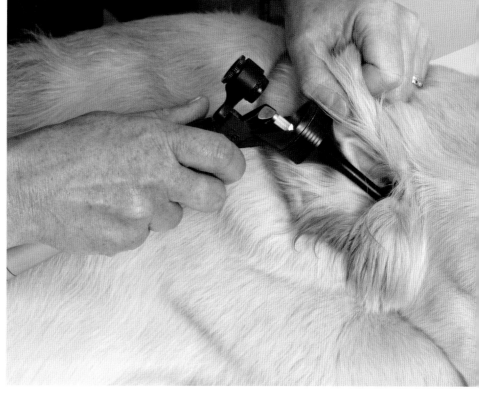

后续幼犬检查

宠物医生会建议宠物主人在幼犬 4~5 个月大的时候带它到宠物医院做进一步检查，以确保它在成长且身体发育良好，社交方面也发展得不错。这也有助于宠物主人继续遵循首次体检时获得的建议。在后续检查中，宠物医生会检查恒齿长出来的位置是否有乳牙未脱落。这一点很重要，因为如果有乳牙滞留，宠物医生就会拔掉这颗乳牙，让恒齿在口腔中占据正确位置并确保咬合正确。

询问绝育

大多数宠物主人会选择给狗绝育，如果自己也有此计划，那么在幼犬早期健康检查阶段就可以向宠物医生咨询绝育。医生会有针对性地解释公犬或母犬的绝育流程以及绝育后的影响，并推

◁ 跳蚤梳
重度跳蚤侵扰会对幼犬造成严重影响。宠物医生会用一把细齿梳来梳理幼犬的被毛以刮落虫体或跳蚤粪便。

荐绝育的最佳时间。关于犬绝育的最佳时间，不同的宠物医生会有不一样的观点，所推荐的绝育年龄从几周龄到几月龄不等。最常见的手术时间是在青春期之后。许多宠物主人会担心绝育有风险，带幼犬去做健康检查时，可以与宠物医生讨论下自己的顾虑。

植入微型芯片

在狗肩膀之间的皮肤下植入微型芯片的过程很像接种疫苗，这样做的目的是确保狗可以随时被识别出来。扫描微型芯片会显示出一组号码。宠物主人所提供的任何联系方式信息都可以通过这组独一无二的号码在中央数据库中查询到。

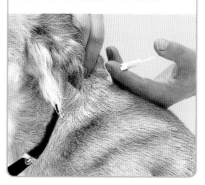

常规体检

定期带成犬去做体检就像给一辆车做年检一样。这样做，可以提前发现健康隐患，并可以在小问题恶化之前进行处理。

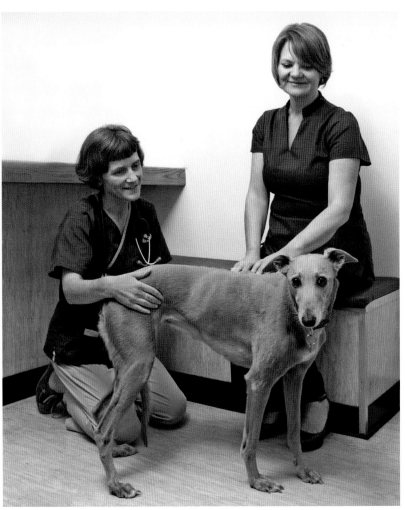

△ **确保一切顺利**
年度体检对于宠物医生、宠物主人和狗来说是一次很好的社交活动。宠物主人可以借此机会向宠物医生咨询任何问题。

▷ **检查关节运动**
宠物医生会活动狗的关节，查看是否存在疼痛、僵硬和运动范围受限的问题。运动范围受限可能预示着有关节炎。

年度体检

　　如果宠物主人打算带狗去做年度体检，需要提前预约。在常规体检中，宠物医生通常会从头到尾检查狗的身体，并会询问宠物主人若干问题，如口渴情况、食欲、饮食安排、排泄习惯和运动情况等。如有任何顾虑，宠物医生就会建议进行详细的诊断检测。对于老年犬来说，宠物医生会要求宠物主人就诊时携带犬只的尿液样本，因为这能反映肾脏和膀胱的健康状况。应该在就诊当天清晨采集尿液样本，并储存在合适的容器中（不要用果酱罐）。宠物医生还会就常规健康问题给予建议，如体重、身体、被毛和驱虫情况等。如果已经给狗植入了微型芯片，宠物医生就会

"在常规体检中，宠物医生会从头到尾检查狗的身体并询问宠物主人若干问题。如有任何顾虑，宠物医生都会建议进行详细的诊断检测。"

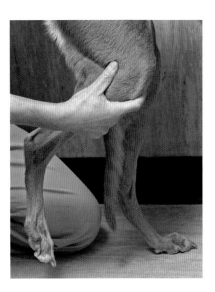

接种疫苗能帮助狗提高对严重传染病的免疫力，通常需要定期接种加强针。一般是通过相对无痛的皮下注射方式接种疫苗。

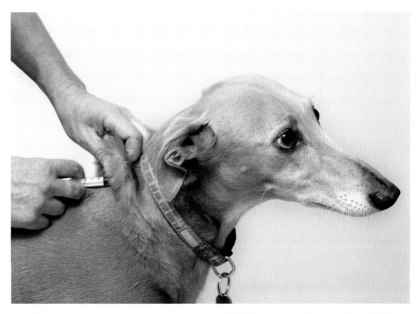

对微型芯片进行扫描。其他常规流程包括修剪指甲和接种疫苗加强针以保持对传染病的预防能力。

　　有些狗不喜欢被检查身体，或者排斥某个特定的流程，如耳朵检查。如果遇到这种情况，宠物医生会建议给狗佩戴嘴套，或者让宠物主人离开诊室，并让医生助理来协助检查，因为当宠物主人不在场时，有些狗会变得更勇敢、更乖。

　　有些宠物医院也开设了特殊的专科门诊，如牙科门诊或体重管理门诊。这些科室由医生助理负责，如果检查出潜在问题，他们会把病例转介给宠物医生。

牙科检查

　　健康的口腔不仅能让狗享受食物，而且对它的整体健康也很重要，因为蛀牙和牙龈感染会引发身体其他部位的疾病。在年度体检和日常就诊过程中，宠物医生会对狗的牙齿进行例行检查，但宠物主人也可以考虑定期带狗去牙科门诊做检查。这类专科门诊会提供关于家庭牙齿卫生保健方面的建议，并跟踪进展。如果狗必须接受牙科治疗（如洁牙和抛光），他们也会提供相应的服务。

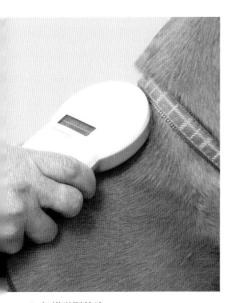

△ 扫描微型芯片

检查微型芯片是否能够被扫描仪识别是非常重要的。宠物主人要记得随时更新微型芯片所关联的联系信息。

体重管理门诊

　　如果狗的体重在常去的宠物医院有记录，那么体重出现任何变化都会在早期被发现。宠物主人难以从狗体态上发现其早期体重的增加，所以越早发现问题，狗恢复理想体重，需要减去的重量就越少。同样需要引起关注的是一只活泼的狗出现意料之外的体重减轻，一方面可能它的能量摄入低于它的能量需求；另一方面也可能是健康出现问题的征兆。许多狗已经习惯了被称重，以至于当它们走进宠物医院时会直奔体重秤。

不健康的表现

不管狗所表现出来的问题有多么微不足道，只要有所顾虑，就应该联系宠物医院进行咨询。如果医生诊断没有问题，宠物主人就可以放心了。

认识问题

狗发生任何改变都有可能是健康出现问题而发出的警告。像眼睑下垂这种极其微小的变化也不应该被忽视，这也可能是非常严重的问题。狗可能会出现如胃部不适的内科疾病，也可能发生影响毛皮的外科疾病；或两者兼而有之。宠物主人可能只会留意到一些不是很明确的表现，如睡眠增加或运动量减少，也可能会留意到一些很明显的不正常的表现，如狗跛行或因为芒草进入耳道而摇头。

许多常见疾病都很轻微且容易

◁ **识别疾病征兆**
了解狗的正常状况是很有用的。有了这个基础，就能识别任何异常情况，如对食物或运动缺乏兴趣，就可能是健康出现了问题。

不健康的症状

- 嗜睡，散步时疲倦（异于平常）。
- 呼吸方式改变或呼吸时发出异常的声音。
- 咳嗽或打喷嚏。
- 开放性伤口。
- 肿胀或异常的肿块。
- 出血：伤口流血；尿血（尿液呈粉红色或含有血块）；粪便或呕吐物中带血。
- 跛行或僵硬。
- 体重意外减轻。

- 体重增加，特别是出现腹部膨胀。
- 食欲减退或完全拒食。
- 食欲暴增，或喜欢吃的东西发生改变。
- 呕吐，或进食不久就反流。
- 腹泻或便秘。
- 排便或排尿时因疼痛而叫唤。
- 瘙痒：挠嘴、眼睛或耳朵；臀部沿着地面拖行（"蹭屁股"）或过度舔舐发痒部位；或全身发痒。
- 异常的分泌物：从通常没有分泌物的部位（如口、鼻、耳、外阴、包皮或

肛门）流出，或者分泌物的气味、颜色或黏稠度发生改变。
- 被毛变化：质地油腻、无光泽，或过度干燥；皮毛上有碎屑，如跳蚤排泄物、跳蚤、痂或鳞屑。
- 过度掉毛导致局部斑秃。
- 被毛颜色改变（可能发生得非常缓慢，只有在与以前的照片相对比时才会被注意到）。

治疗，特别是在疾病早期。宠物主人在尝试任何家庭治疗之前，一定要先咨询宠物医生。因为对人来说看似恰当的行为可能会对狗造成伤害。通常来说，宠物医生需要对狗进行检查后再确定下一步怎么做，但有时医生通过电话给予的建议就足以应付一些疾病。

在了解狗的病史并对其进行全面检查之后，宠物医生会再做进一步检验，如血液检查和拍片。有时，狗可能会被诊断出患有严重的疾病，需要住院治疗，甚至需要手术，并伴随漫长的恢复期。

但幸好常见的问题一般都只是普通疾病。例如，狗发痒更可能是身上有跳蚤，而不是神经系统出现问题。

终身健康问题

接下来的几页，将对一些常见的犬类疾病进行概述，并就如何照顾生病的狗和如何应对老年犬的特殊问题提出建议。主人和宠物医生都希望狗过上尽可能健康长寿的生活。如果需要更多的建议或信息，宠物医院会随时提供帮助。

什么是异常口渴？

狗在水碗旁边喝水或在室外水源处（如池塘或水桶）逗留的时间比平时长，可能就存在异常口渴的问题（详见第 128 页）。如果它用碗喝水，那么清空所有碗并记录添加的水量（以毫升为单位）；24 小时后，测量剩余水量，然后从总水量中减去，就是狗 24 小时内的饮水量。用这个数字除以狗的体重（以千克为单位），如果数值在 50 左右，那么饮水量正常，但是如果数值大于或等于 90，就是异常口渴，需要联系宠物医院就诊。

103

> "狗发生**任何改变**都有可能是**健康出现问题而发出的警告**。像眼睑下垂这种**极其微小的变化**也**不应该被忽视**，这也可能是非常**严重的问题。**"

▽ **获得诊断**
许多常见疾病（如耳螨），宠物医生很容易做出诊断和治疗。如果无法对问题的原因进行简单解释，宠物医生就会依次排查所有可能，找出病因。

遗传性疾病

遗传性疾病是一种代代相传的疾病。这种疾病多见于纯种狗，且具有品种特异性。下面介绍一些常见的疾病。

疾病风险

有限的基因库和过去广泛的近亲繁殖使得纯种犬比杂交犬更容易发生遗传性疾病。然而，尽管杂交犬患遗传病的风险会降低，但它们仍然有机会从父母一方遗传到致病基因。

髋关节和肘关节发育不良

这两种情况主要发生于中大型犬。在发育不良的病例中，髋关节或肘关节的结构缺陷会导致关节不稳定，引发疼痛和跛行。

诊断是基于狗的病史，以及关节活动的方式和 X 光拍摄结果。

治疗方法包括缓解疼痛、减少运动量和保持理想体重。还有各种手术方案可以选择，包括针对髋关节发育不良的髋关节置换术。在一定年龄（通常超过一岁）后，可对易患病品种进行髋关节和肘关节发育不良的筛查。

主动脉瓣狭窄

这是一种先天性缺陷，一出生就存在，主动脉瓣狭窄是指心脏的主动脉瓣变窄。这种疾病平时可能没有任何表现，只有当宠物医生用听诊器给幼犬做心脏检查时，听到心脏有杂音才会发现。该病可能需要进一步检查（结合 X 光拍摄、超声波和心电图检查）或只做简单监测，但只有少数狗可以通过手术治疗。有些患病犬的主动脉瓣狭窄会发展成充血性心力衰竭。

凝血障碍

最常见的遗传性凝血障碍（狗和人类）是血友病，这种疾病

▷ **髋关节 X 光片**
当已知某品种犬会发生髋关节发育不良时，建议在育种前先进行筛查。这包括利用狗臀部的 X 光片进行评分。

髋关节评分

狗仰卧位，后腿伸直，臀部接受 X 光拍摄。为了达到最佳效果，可以给狗注射镇静剂，使其保持正确姿势。宠物医生会对每块髋关节进行 6 项评分，该评分规则涵盖了从正常到严重的不同情况。每块髋关节的最高得分为 53 分——理想情况是得分越低越好。把所有分数加起来就是总分。当以育种为目的进行选择时，理想情况是选择总分低于该品种当前平均分的狗。

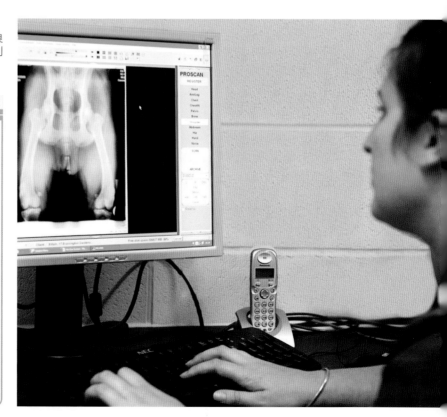

◁ 德国短毛指示犬

包括德国短毛指示犬在内的许多品种都会受到遗传性凝血障碍——血管性血友病的影响。

▽ 柯利眼异常（CEA）

澳大利亚牧羊犬等柯利犬必须在幼犬阶段接受 CEA 检查，因为随着个体成熟，早期症状会被掩盖掉。

"**筛查**很重要。**DNA** 筛查技术的**出现增大了检测**许多**遗传性疾病**的机会。"

是因为缺乏凝血因子而导致的反复出血。这种有缺陷的基因由雄性患者遗传给雌性后代，雌性后代本身不受影响，但可能是该基因的携带者。纯种犬和混血犬都有可能患血友病。

另一种类似的遗传性出血病是血管性血友病，这种病的遗传无性别差异，雌雄都有可能患病。许多品种会患有这种疾病，包括杜宾犬和德国牧羊犬；一些品种可以进行 DNA 筛查。

眼部疾病

狗可能会受到几种遗传性眼部疾病的影响，包括一些很容易发现的疾病，如眼睑内翻（详见第 112 页），以及其他需要使用专用设备进行内眼检查后才可诊断的疾病。进行性视网膜萎缩（PRA）是一种眼部疾病，会影响所有品种犬和混血犬。患上这种疾病时，视网膜（眼球后部的一层感光细胞）会退化，并导致视力丧失。只有当狗出现视物困难时，宠物主人可能才会意识到 PRA 的存在，而这种困难最开始可能只有到了晚上才会发生。

通过检眼镜检查视网膜，可以诊断 PRA，宠物医生会建议进行更专业的检查。目前没有治疗方法，而且视力丧失是永久性的。某些品种可以进行 DNA 筛查。

各种柯利牧羊犬（粗毛、短毛、边境牧羊犬，喜乐蒂牧羊犬和澳大利亚牧羊犬）和一些其他品种的犬都会受到柯利眼异常（CEA）的影响，这种疾病是因为脉络膜（眼球后部的一层组织）出现了异常。CEA 在出生时就能被检查出来，所以幼犬在 3 月龄之前就要接受检查。最轻微的 CEA 对视力几乎没有影响，但最严重的 CEA 会导致失明。可以进行 DNA 筛查。

疾病筛查

常规筛查对降低遗传性疾病的发病率很重要。对于髋关节和肘关节发育不良的狗，要进行 X 光拍摄（详见第 104 页方框）。PRA 和 CEA 等眼部疾病曾依赖于检查和鉴定；然而，DNA 筛查的出现增大了检测出这些疾病和许多其他遗传性疾病的机会。

肌肉骨骼疾病

和人类一样，狗也容易发生轻微的拉伤和扭伤，这类疾病通常需要休息才能恢复。有时问题会更严重，所以如果发现狗一直跛行或不愿意运动，应咨询宠物医生。

症状

- 跛行（如果是前肢跛行，当它着地时，头会抬起来）。
- 躺下休息后再站起来很困难，四肢表现得很僵硬。
- 不愿意锻炼；散步时畏缩不前。
- 不愿意爬楼梯或跳进车里。
- 关节疼痛、肿胀和发热。
- 共济失调（身体失去协调性）和瘫痪。
- 在活动过程中突然跛行（可能是抬起后爪）。

关节炎

如果关节因受伤或骨骼异常（如髋关节发育不良）而走路不稳定，那么随着狗的年龄增长，该问题关节可能会发展为关节炎。这种疾病与损伤和炎症有关，它们会限制关节活动并引起疼痛。正常的磨损也会导致关节炎，尤其易发于那些生活中非常活跃或超重的狗。

为了调查和诊断关节炎，宠物医生会触诊并推拿该区域，寻找肿胀、发热和活动异常部位，并观察狗被宠物主人小跑追赶时的动作。同时也需要做进一步的检查，如拍摄 X 光片或从关节中抽取少量液体样本进行检测。在临床中，MRI（核磁共振成像）扫描检测的使用频率也越来越高。

除使用非甾体抗炎药缓解疼痛外，其他治疗关节炎的方法还包括控制体重、改变狗的运动方式（带它进行更频繁但时间更短的散步）、针灸、游泳等非负重运动（水疗）和物理疗法。氨基葡萄糖、软骨素、透明质酸和 Omega-3 脂肪酸对该病也有一些治疗和预防的作用，可通过膳食补充剂给予，某些犬商品粮中也包含这些物质。

△ **活跃的老年犬**
让老年犬的四肢经常活动非常重要，但是与一次疲倦的徒步相比，它们会更喜欢每天 2~3 次短距离散步。

犬全骨炎

对于尚处于发育阶段的幼犬，一种名为"全骨炎"的骨病会影响其骨骼生长。这种病会导致犬四肢都有可能出现跛行，且出现时间不同。该病常见于大型犬，

△ **楼梯带来的问题**
如果狗的背部疼痛，那么对于它来说，爬一段楼梯就像爬山一样可怕。

如德国牧羊犬和拉布拉多猎犬。全骨炎经 X 光拍摄确诊，并通过休息和止痛来治疗。该问题通常是暂时的。

椎间盘突出

如果一只狗突然不愿意爬楼梯或跳进车里，它可能存在短暂的颈部或背部疼痛，让它休息并给它服用消炎药可以改善这些症状。更严重的问题是一个或多个椎间盘突出，尤其易发于长背犬种，如巴吉度猎犬和腊肠犬等。症状可能包括后肢疼痛、无力或瘫痪（如椎间盘突出在颈部，则症状出现在前肢），以及椎间盘突出部位下方区域的感觉丧失。让狗充分休息并为它止痛应该能使它恢复，但也可能需要进行 X 光拍摄和核磁共振成像扫描以查明问题所在，然后再进行手术。如果狗的膀胱和肠道机能丧失，说

明治愈前景不容乐观。

后腿疾病

这种问题在狗身上很常见，尤其是小型犬，如西高地白梗或约克夏梗犬。患病犬会先沿着路小跑一段距离，然后一条后腿离地跳跃着走几步，再继续四肢着地走。这说明它可能有间歇性膝盖骨滑动（髌骨脱臼），这通常是由于膝盖骨的凹槽太浅。这个问题可以通过手术矫正，但通常只有大型犬才需要做手术，而小型犬一般都能很好地应对该问题。

另一个常见的后腿问题是前十字韧带断裂，该韧带是膝关节内的稳定韧带之一。该问题通常发生于活泼好动的狗，它们会在追球的过程中突然停下，然后抬起一只后爪。金毛寻回犬和德国牧羊犬似乎更易出现此问题。对于大型犬来说，手术是改善这种病症的最好选择。对于小型犬来说，帮它缓解疼痛并让它好好休息几周就会有所好转。

△ **限制运动**
在关节受伤后，如果有必要限制狗的运动，就要给它系上牵引绳，以防过量运动对受伤部位造成进一步伤害。

避免超负荷

养狗要注意的事情有很多，包括保持与该犬种大小相匹配的体重，因为这样做有助于预防关节问题。肥胖不仅对狗的整体健康有害，还会使它的关节负荷过重，增加患上关节炎等不可逆转且痛苦的疾病的风险。

毛发和皮肤疾病

狗的毛发和皮肤可以很容易地被看到，所以毛发和皮肤问题是宠物主人带狗去宠物医院就诊的常见原因。不要忽视持续地抓挠或舔舐，这可能会使轻微的小毛病发展成更严重的疾病。

110

狗的健康

症状

- 毛发无光泽、油腻。
- 皮肤或被毛上有皮屑、疤痕或结痂。
- 有皮疹或斑点。
- 掉毛。
- 皮肤或毛发的颜色改变。
- 瘙痒。
- 气味难闻。
- 过度舔舐或抓挠。
- 不明原因的凸起或肿块。

过敏和感染

那些对跳蚤、粉尘（如花粉）或某些食物过敏的狗，皮肤经常会发生瘙痒。过敏性皮肤病，特别是当它引起持续抓挠时，会导致反复的皮肤感染，这时狗就需要长期服用抗生素。设法确定过敏源非常重要，因为通过人为干预可以避免这个问题的发生（如改为低敏饮食），或者使用脱敏疫苗治疗。抗组胺药可以帮助抑制瘙痒，但有些狗需要低剂量的皮质类固醇。

急性湿疹性皮炎

也称为湿疹，被感染区域的皮肤上有渗出性黏液，通常会有臭味，狗反复舔舐和抓挠会使症状加重。起因可能是被某种昆虫蜇伤。这种疾病的治疗是通过使用抗生素并配合每天两次的盐水浴（在半升温水中加一茶匙盐），以达到彻底清洁该区域和防止病情进一步恶化的目的。

肛门疖病

如果狗在排便时有极度疼痛的表现，那么它肛门周围的组织中可能存在一种根深蒂固的疾病，称为肛门疖病。这种疾病可能伴有结肠炎或肠易激综合征。观察它的尾巴下面，会发现原发性并散发着恶臭味的溃疡。目前，主要使用药物治疗来抑制引起疾病的免疫反应。如果患处不能完全愈合，就需要进行手术。然而，遗憾的是，治疗并不总是会取得成效。

△ **皮肤瘙痒**
跳蚤是刺激皮肤引起瘙痒的最常见原因，但如果用细齿梳检查后没有发现跳蚤，则需要请宠物医生检查是否存在其他问题。

皮脂腺炎

这种自身免疫性疾病的根源是毛囊，特别是毛囊内产生皮脂的腺体。皮脂是一种能保护头发和皮肤并防水的油性物质。该病的症状包括掉毛、皮肤脱屑，有时还有强烈的瘙痒。可能会并发继发性细菌性皮肤病。治疗方法包括沐浴露洗浴、油浴、服用膳食补充剂和抗生素。

狗癣

狗癣是一种具有高度传染性的皮肤真菌感染，可以传染给人类。这种疾病会导致皮肤脱屑、结痂和掉毛。该病的诊断通常是用荧光灯检查患处，或将毛发放在培养基中，观察是否有真菌生长。家中其他宠物也应该接受检查。治疗方法包括沐浴露洗浴、涂抹药膏和口服药物。真菌孢子可以在环境中存活数月，所以宠物主人应该处理掉患病犬所用过的所有物品，包括美容工具、项圈、牵引绳和狗窝等，并对家里和汽车进行彻底吸尘。

皮肤增生

宠物主人可能会在狗的皮肤上看到或触摸到囊肿、疣和肿瘤等增生物。应该经常检查肿块，因为早期诊断和治疗至关重要。在制订治疗计划之前，宠物医生会取一些细胞或一小部分肿块进行诊断测试。

不停地舔舐

狗不停地舔舐瘙痒部位，可能是因为被昆虫蜇伤了，这种行为会导致感染并引发更严重的问题。用袜子覆盖住狗小腿上发痒的部位就能避免这种恶性循环。

眼部疾病

应经常检查狗的眼睛是否睁开且明亮。许多眼部问题一旦发生很快就会有明显的症状，但也有一些影响眼睛内部的疾病，直到狗的视力受到影响时才会被宠物主人察觉到。

症状

- 眼睑完全或部分闭合。
- 水样分泌物。
- 黏稠的黄绿色分泌物。
- 用爪子挠眼睛。
- 眨眼频率增加。
- 视力下降，撞到物体。
- 红眼。
- 眼睛或眼睑浮肿。

结膜炎

不同于影响人类的高度传染性眼部疾病，狗的结膜炎只是指结膜的炎症（结膜是覆盖眼球前部的一层黏膜）。最明显的症状是下眼睑内侧发红，并可能伴有分泌物，分泌物最初是透明的，但如果发生感染，则会变成白色或绿色。狗会因为疼痛而快速眨眼。有时候炎症是由花粉过敏引起的，但发生单眼结膜炎的最常见原因是眼睛中混入异物，如芒草或沙砾。

为了开展检查，宠物医生会用局部麻醉滴剂来麻醉狗的眼睛前部。应用于眼睛的荧光染料会显示角膜损伤，如抓伤。狗患角膜炎或结膜炎后会有一层薄膜覆盖在它的眼球上。虹膜也可能受到影响，并伴随瞳孔痉挛疼痛，因此需要及时注意。宠物医生会给狗开止痛药、口服抗生素以及眼药水，宠物主人也需要仔细监控狗的状况。对于过敏性结膜炎，类固醇眼药水有助于减轻炎症。用药前，要给狗戴上伊丽莎白项圈来阻止它挠眼睛。

眼睑内翻和外翻

眼睑对眼球有保护作用，但如果眼睑向内卷曲（即所谓的眼睑内翻），睫毛会摩擦眼球前部，导致结膜炎和角膜溃疡。眼睑内翻通常是先天性的，但可以继发于受伤或慢性结膜炎。得了眼睑内翻的狗会更频繁地眨眼和挠眼睛，进而导致眼部感染和产生大量分泌物。眼睑内翻可以通过手术矫正，但也存在过度矫正和眼睑外翻的风险。眼睑外翻会使眼球暴露于潜在的危险中。眼睑外翻也可能是自发性或先天性的，或在老年期出现。通常，只有问

◁ **宠物医生检查**
狗的眼睛出现问题，应立即带它去宠物医院接受检查。不要忽视一些症状，如狗眼睛有分泌物或因不舒服而不停地用爪子挠眼睛。

◁ **沙皮犬的眼病**
眼睑内翻（眼睑向内卷曲）是沙皮犬常见的一种眼病，会引起疼痛。该病通常发生在幼犬身上。上下眼睑都会受到影响。

题极其严重时才会被纠正。有些品种，如英国斗牛犬和可卡犬，容易出现眼睑内翻和外翻的综合症状。

白内障

　　白内障的发生，是因为眼球中将光线引导到视网膜上的透明晶状体变混浊，从而影响视力。这种疾病，有些是遗传性的，有些则并发于视网膜疾病、青光眼或糖尿病（详见第 132 页）。老年犬会发生老年性白内障。白内障可以通过手术摘除，但一般来说，狗在术后能看到东西的前提是视网膜完好无损。

青光眼

　　眼压升高，即为青光眼，会引起疼痛，最终导致失明。青光眼可以治疗，但需要尽早诊断以避免失明。对于某些品种来说，青光眼具有遗传性，包括比格犬和巴吉度猎犬。

干眼症

　　泪液可以润滑眼睛，但缺乏泪液的分泌，会导致眼睛干涩，并进而因为感染而产生大量分泌物。干眼症是通过无痛测试诊断的，治疗方法是滴眼药水或手术。对于某些品种犬来说，干眼症具有遗传性，如西高地白梗。

霍纳氏综合征

　　这是一组典型的症状，通常只影响一只眼睛，症状包括眼球凹陷、上眼睑下垂、第三眼睑（位于眼内角）突出以及瞳孔收缩。通常情况下，病因不明，并且症状会在几周内消退，但仍应该带狗去宠物医院接受检查，确认是否存在健康隐患。

给狗滴眼药水

托住狗的头，轻轻将下眼睑下拉，抬起上眼睑。

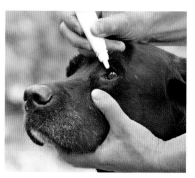

用拇指和食指**捏住滴管**，把药水滴入眼球前部。

滴完药水后，轻轻合上狗的眼睑，保持闭合状态几秒钟。

耳部疾病

狗最常见的耳部问题是感染、螨虫和耳道异物；有些品种的狗容易耳聋。狗出现任何耳朵感染的症状，都应立即带它去宠物医院就诊。

症状

- 摇头，吠叫。
- 单耳在地上或对着物体摩擦。
- 双耳在地上或对着物体摩擦（可能是过敏的表现）。
- 单耳或双耳有异味。
- 耳朵被触碰时疼痛。
- 进食时疼痛。
- 耳聋。
- 耳廓肿胀（耳血肿）。
- 头部倾斜、失去平衡、恶心（可能是中耳或内耳疾病的症状）。

耳血肿

狗的耳廓内侧有时会出血，导致耳廓肿胀，称为耳血肿。如果狗不停地摇头或抓耳朵，就有可能是发生了这种问题。血肿通常伴有外耳道感染。宠物医生会用针把血抽出来并注射皮质类固醇来减轻肿胀。在不使用镇静剂的情况下，有些狗也能忍受治疗操作。手术也是一种治疗选择。如果不进行治疗，耳廓就会收缩卷曲。

外耳问题

如果看到狗在摩擦它的耳朵，可能是有过敏、耳螨或感染等问题。另一个常见问题是有锋利的芒草卡在外耳道，这会让狗非常痛苦，狗可能会因此而剧烈摇头和狂吠。

为了向下看清外耳道到鼓膜全长的内部情况，宠物医生会使用一种叫作"检耳镜"的观察仪器。这项检查会让狗感到痛苦，需要提前给它注射镇静剂。

耳螨的治疗方法包括使用滴

◁ **草丛中的危险**
如果狗在户外奔跑后突然开始用爪子抓耳朵、摇头和吠叫，很可能是有芒草卡在了外耳道。必须对狗注射镇静剂或实施全身麻醉后才能移除芒草。

▽ **绑定一只耳朵**
耳廓被割破后，即使伤口很小，也会大量出血。应妥善处理伤口，绕头缠上绷带给耳朵做包扎，以防止狗触碰到它，造成新的出血。

耳液或直接在狗的颈背部皮肤上涂抹驱虫剂。感染初期要用抗生素滴耳液治疗，但如果治疗失败，宠物医生会用拭子采样并镜检，同时做药物敏感性测试。在全身麻醉的情况下，受感染的耳朵会发红；有时，手术是必要的。可以通过全身麻醉把芒草移除。

中耳和内耳

外耳感染有时会扩散到中耳。中耳感染的另一个原因是异物穿透鼓膜。对用于治疗外耳疾病的滴耳液产生的不良反应也会引起中耳和内耳感染。感染的症状包括张口时疼痛、嗜睡和产生分泌物。其他常见症状有失去平衡、头部倾斜和呕吐。无论是中耳还是内耳疾病，早期诊断和治疗都

▷ **避免耳朵进水**
如果狗容易发生耳朵感染，宠物主人应尽量阻止它游泳。如果水对狗的诱惑太大，遛狗的时候就要远离水源。

至关重要，常用的诊断方法是影像技术，如 X 光拍摄和核磁共振成像。

耳聋

许多老年犬都患有与年龄相关的耳聋，当宠物主人呼唤它们的时候，它们很难被叫醒或者对宠物主人的呼唤没有反应。但是如果家里的老年犬对食物落碗发出的响声能迅速做出反应，那么就要怀疑它是选择性耳聋。先天性耳聋通常是可遗传的，可能与毛色有关；常见于

白毛犬，如英国牛头梗和大麦町犬就特别容易耳聋。宠物主人应该能很容易识别患有严重耳聋的幼犬，因为它对声音的反应不同于同窝其他幼犬。

狗的听力可以通过脑干听觉诱发反应测试（BAER）来评估，该测试可以检测内耳和大脑听觉通路的电活动。测试本身是无痛的，不会使幼犬感到不适，所以可以用来给它们做听力评估，但老年犬还是需要镇静后再测试。

> "无论是**中耳**还是**内耳**疾病，**早期诊断和治疗**都**至关重要。**"

滴耳液的使用方法

如果滴耳液是混悬液，用前**摇匀**，

轻轻向后拉狗的耳廓，露出耳道。

保持向后拉耳廓的姿势不变，把药水滴入耳道。剂量以产品说明书或宠物

医生推荐为准。

轻轻揉搓狗的耳朵，帮助药水渗透。结束后，给予表扬和美食。

口腔和牙齿疾病

宠物主人应该像照顾自己一样去护理狗的牙齿和牙龈，使狗患病的概率最小化。定期带狗去宠物医院做牙科检查，这对狗的健康很重要。

症状

- 有口气（口臭）。
- 牙齿变色。
- 牙齿上有黄色钙化菌斑沉积。
- 面侧肿胀（牙根脓肿）。
- 牙龈线处有灰色分泌物（牙根脓肿流出的脓液）。
- 进食困难，可能因疼痛而吠叫（牙齿腐烂或断裂，有东西嵌入上颚或卡在牙齿之间）。
- 流口水、脓或血。
- 牙龈增生。

牙菌斑和卫生

在健康的口腔中，狗的牙齿呈白色，牙龈呈淡粉色。理想情况下，应该在家里定期给狗刷牙，以清除牙菌斑，牙菌斑是一种在进食后积聚在牙齿上的无色软物质。随着时间的推移，牙菌斑会逐渐硬化为黄色牙垢或牙结石，这就需要在全身麻醉的情况下用超声波刮除器清除。

如果不进行干预，牙菌斑积聚会引发牙龈疾病，最终导致牙齿松动脱落。如果发生感染，就会看到牙龈线上有脓液，或者由牙根脓肿导致的脸颊肿胀。患病狗会有口气或流带血的口水；它可能进食有困难，会因为疼痛而用爪子抓嘴，并拒食硬饼干和干燥的食物。如果狗的嘴很痛，就需要对它进行麻醉，以便宠物医生查明病因。

没有保留价值的牙齿会被拔掉。可以给狗做根管治疗这种先进的牙科手术。拔完牙，狗就能出院，回家后要服用抗生素和止

▽ 口腔检查
宠物医生在给狗做全身检查时会单独检查它的牙齿和口腔，如果宠物医生发现牙齿或口腔有问题，一般会建议宠物主人预约牙科门诊对狗进行进一步的检查。

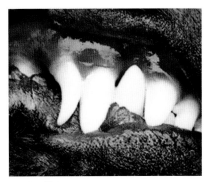

△ 乳牙滞留
在这张图上可以看到，上犬齿乳牙位于恒牙后面（左边），这会构成一个牙齿空洞，食物残渣往往会藏匿其中。

▷ 下颌前突
下颌突出于上颌是一些品种的特征，比如这只斗牛犬，这可能会影响面部形状。

痛药。只要狗开始进食，牙菌斑就会开始积聚，提高家庭护理和定期牙科检查的意识是至关重要的。

乳牙滞留

有时，当恒牙长出来时，乳牙并没有脱落。两种牙齿同时存在会挤压其他牙齿，形成空洞从而藏匿食物残渣，导致感染。宠物医生会建议拔掉所有不需要的乳牙（在幼犬被麻醉做绝育时完成这项操作是最方便的）。

咬合不正

如果狗的上下颌没有正确对齐，上下两排牙齿就不能正常地相互交错，这种情况被称为咬合不正，更常见的名称是上颌前突或下颌前突。这可能是某些品种的公认特征，但在其他品种中发生咬合不正则被视为缺陷。咬合不正增加了患牙周病的风险（即牙齿周围的组织出现问题）。所以注意口腔卫生是非常重要的，如刷牙。宠物医生会在狗第一次接受检查时定位错位的牙齿。发生意外事故后偶尔也会出现咬合不正的情况，如摔倒时脸部受到撞击等。

异物

木片、咀嚼物和骨头都可能嵌入上颚或卡在牙齿之间。需要镇静或全身麻醉后再检查口腔，取出异物并治疗由此造成的所有并发症。

下颌下垂

这是一种不寻常的情况，其特征是突然不能闭上嘴巴，并伴随大量流涎和吞咽困难，尽管从表面上看不伴随疼痛。所幸的是这种情况通常会在几天后自愈；宠物主人需要关注的重点是确保狗摄入足够的食物和水。

下颌疼痛

咀嚼肌发炎的时候，狗吃东西就会感到疼痛。它可能无法完全闭合嘴巴，还会流口水，看起来像是下颌下垂。所有品种的狗都有可能发生下颌疼痛，但是德国牧羊犬更易发。一个疗程的高剂量皮质类固醇对该病通常有效。

牙科治疗后的护理

宠物医生做完牙科手术把狗交给宠物主人时，狗可能在流口水，这是全身麻醉后的正常情况。先把狗带回家安顿下来，然后再给它喂食。除非出院时宠物医生开了处方饮食，否则就给它提供少量清淡的家庭自制食物，如鸡肉和米饭。尤其是拔牙后，持续几天这种饮食。一旦狗的口腔问题解决后，它就可以恢复为正常饮食。

呼吸系统疾病

如果狗有呼吸系统问题，宠物主人很容易就能发现。正常情况下，狗只有在热的时候或运动后才会用嘴呼吸和气喘。如果这种规律被打破，或者它开始咳嗽，这时候宠物主人就需要咨询宠物医生。

症状

- 流鼻涕（一侧或两侧：水样、白绿色或带血）。
- 打喷嚏或倒吸气（反向打喷嚏）。
- 疼痛、单侧面部肿胀，可能会影响该侧眼睛。
- 呼吸有杂音。
- 呼吸困难，胸部起伏加剧。
- 运动耐力差。
- 咳嗽。
- 牙龈发青（表明由于肺功能减退导致血液供氧不足）。

吸入异物

嗅探是狗的正常行为，如果它们吸入异物，通常会通过打喷嚏将其排出体外。然而，像芒草这种东西被吸入鼻孔后就不能通过打喷嚏排出体外。尽管狗也会突然打喷嚏，但芒草仍会穿过鼻腔，划破其脆弱的鼻黏膜。该问题的第一个症状是鼻腔排出分泌物，最初是透明的，但随着细菌感染的发生，会变成白色或绿色的黏液。因此，及时去除芒草非常重要。一种方法是宠物医生会把鼻镜插进狗的鼻孔来查看是否有异物；另一种方法，就是在狗处于全身麻醉的情况下，使用精密内窥镜穿过鼻子来定位异物，然后将其取出。

犬窝咳

这种高度传染性疾病通常是由病毒感染引起的，也能由支气管败血波氏杆菌感染引起，后者是一种常见的继发性细菌感染。犬窝咳很容易在狗群之间传播，尤其当它们被关在一起时，如在犬舍和在狗的选秀赛上；多犬家庭的动物也很容易患该病。

除咳出白色的泡沫痰外，患病犬可能看起来和健康犬无异；患病犬也会因发烧而嗜睡。对于病毒感染，治疗的目的是缓解症状。为了防止病原体的传播，应该将患病犬隔离，直到它不再咳

△ **近距离接触**
不管是在犬舍还是在家庭中，因为犬只个体之间存在直接接触或间接接触，所以通过空气传播的传染病就会在狗群中迅速蔓延开来。

嗽为止。抗生素只能用于治疗细菌性感染。

倒吸气

有些狗的软腭（口腔后部柔软的组织）会比正常情况下长，这可能导致软腭被吸入呼吸道。发生这种情况时，狗会发出一种独特的声音，听起来好像它在试图屏住呼吸直到呼吸道变通畅。兴奋和用力是

常见的诱因，就像对花粉的过敏反应一样。如果狗持续倒吸气，可能需要进行矫正手术。

喉麻痹

这种喉部疾病会发生于任何品种的中年犬身上，但常见于拉布拉多猎犬和金毛寻回犬。患病犬的呼吸有杂音，经常伴有嘶哑的咳嗽声、叫声改变、运动能力下降等症状，有时会出现严重的呼吸困难。

▽ **喉部问题**
狗发生喉麻痹时，位于喉部的声带会出现功能异常。这种疾病最常见于大型犬，如金毛寻回犬。

喉麻痹的发生没有明显的原因，但如果狗的颈部或胸部受伤导致控制喉部的神经受损，就会发生喉麻痹。有时，甲状腺功能不全也会导致喉麻痹。

如果条件允许，任何潜在的病因都应及时治疗。皮质类固醇有时可以改善喉麻痹这种疾病症状。呼吸困难可以通过手术治疗，但风险很高。

肺部疾病

肺部疾病包括支气管炎（尤其是老年犬）、肺炎、肿瘤和心力衰竭导致的积液。这些问题限制了肺功能，导致狗呼吸频率更快、呼吸声音更大，或发展为咳嗽。肺部疾病的诊断一般是通过给患病犬进行 X 光拍摄来确诊，有时不使用镇静剂也可以拍片，但如果狗有呼吸困难，则需要先给狗注射镇静剂，这是确保拍片顺利的一个重要因素。如果有必要，可以直接检查呼吸道，在给狗实施全身麻醉的情况下使用内窥镜进行检查，如怀疑有异物滞留在呼吸道内时。

药物对许多肺部疾病有治疗效果。单个肺肿瘤可以通过手术进行切除，然而如果是多个继发性肿瘤（通常是晚期癌症的标志），则一般无法进行手术。

预防呼吸系统疾病的传播

如果狗出现咳嗽症状或已知它与其他咳嗽的狗有过接触，宠物主人要迅速将它隔离，这样才能阻断由飞沫（携带病原体）传播的疾病。根据具体的细菌或病毒来给狗接种疫苗也可以预防犬窝咳。

心脏和血液疾病

健康的心脏和循环系统对生命至关重要。如果狗患有心脏或血液疾病，需要尽早做出诊断。治疗包括良好的家庭管理和定期监测，必要时还需要进行手术。

症状

- 咳嗽。
- 呼吸困难。
- 牙龈和舌头发青（发绀）。
- 疲乏嗜睡。
- 运动耐力差，容易疲劳。
- 体重减轻。
- 食欲下降，口渴加剧。
- 腹部膨胀。
- 昏厥（晕厥）。
- 贫血：牙龈苍白或牙龈和眼白发黄、疲劳、粪便发黑、尿血。

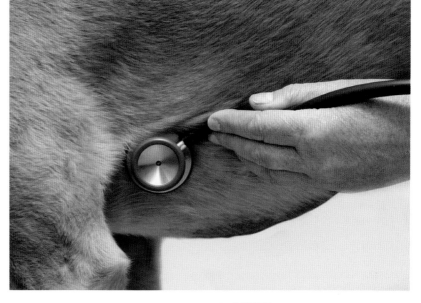

△ **心脏听诊**
在用听诊器给狗的心脏做检查时，如果听到异常的声音，就可能表明狗的心脏有问题。

先天性心脏病

有时，幼犬的心脏在胚胎发育过程中出现异常，导致先天性缺陷（一出生就存在）。这类疾病中最常见的一种叫作动脉导管未闭（PDA）。在幼犬出生之前，它的血液通过一条通道（称为动脉导管）绕过肺部，该通道位于肺动脉和主动脉之间。正常情况下，这条通道会在出生后不久自行闭合，而 PDA 就意味着该通道没有闭合，无法进行正常的血液循环。这种缺陷会导致心脏听诊杂音，或正常心跳清晰的扑通扑通声变得模糊不清。通过 X 光拍摄、超声波扫描和 ECG（心电图）就可以确诊。大多数

情况下，这个疾病可以通过手术根治。心脏瓣膜缺陷也会产生杂音，但不一定都能通过手术治疗，后期还可能会发展为充血性心力衰竭。

充血性心力衰竭

发生这种疾病，心脏无法有效地泵血。老年犬患上充血性心力衰竭的一个常见原因是心脏瓣膜病变。宠物医生可以通过听诊发现心脏杂音并进行早期诊断，有些狗可能一生也不会发病。充血性心力衰竭的早期症状通常是运动能力下降，伴有气喘和呼吸急促。发展到后期，狗通常在晚上和早上醒来时咳嗽，并伴有体

重减轻、食欲下降、口渴加剧的症状。它的腹部可能会因积液而肿胀，使它看起来大腹便便。充血性心力衰竭的诊断检测包括 X 光拍摄、超声波扫描、ECG 和血液检查。治疗包括药物治疗、处方饮食治疗和体重管理，并会针对潜在原因进行手术。

扩张型心肌病

拳师犬、杜宾犬和大丹犬更容易发生这种疾病。病犬心脏无法正常收缩，并有心律不齐，导致虚弱、呼吸困难、咳嗽、昏厥、

食欲减退和体重减轻。通过 X 光拍摄、超声波扫描和 ECG 可以确诊该病。治疗效果不理想，只能有限度地改善生活质量。

不同的治疗方法。

凝血障碍通常是遗传性的（详见第 104~105 页），但也可能是老鼠药中毒导致（详见第 163 页）。

血液异常

狗会受到各种血液疾病的影响，其中最常见的是贫血。由于红细胞减少或氧合血红蛋白浓度降低，造成血液携氧能力下降，导致贫血。贫血包括一种称为免疫介导性溶血性贫血（详见第 135 页）的免疫系统疾病和缺铁性贫血。缺铁性贫血可由胃溃疡出血等引起，表现为狗粪便发黑。针对导致贫血的根本原因会采取

狗的家庭护理

照顾患有心脏病的狗，关键是让它按照自己的节奏生活，避免过度的压力，这意味着宠物主人自己也要保持更平静的生活。运动应该温和且时间短，可以只在院子里运动，让它能够随时停下来休息。患病犬需要避免体重增加，这会给它的心脏带来额外的负担。宠物医生会为患心脏病的狗推荐特定的处方粮。

△ **品种风险**
大丹犬是一个易患扩张型心肌病的品种。早期诊断很重要，可以在病情恶化之前开始药物治疗。

超声成像
许多疾病都可通过超声成像进行检查。这项操作可以在狗意识清醒的状态下进行，对于患有心脏病或其他重病的狗来说，这一点尤为重要。

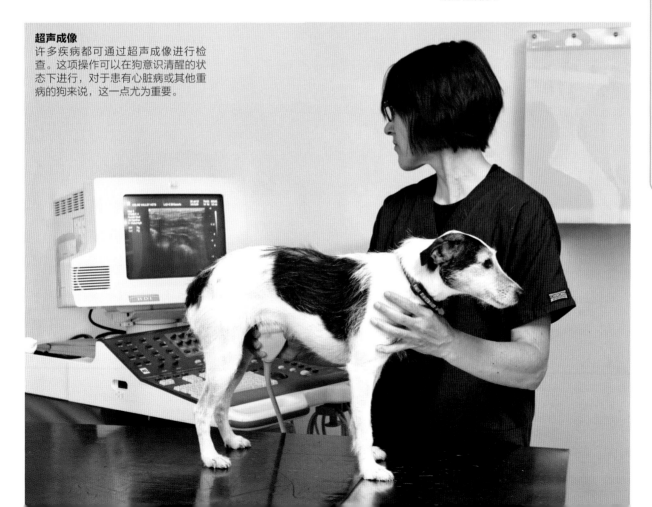

消化系统疾病

对于狗来说，轻微的肠胃不适是很常见的，因为它们总是会乱吃东西。良好的呕吐反射使它们通常能吐出所有不消化的东西。但偶尔也会出现更严重的胃病。

症状

■ 呕吐或反流。

■ 便秘（如啃骨头导致）。

■ 腹泻（经常排出大量软便）。

■ 结肠炎（用力排出含有黏液和血液的软便）。

■ 粪便（颜色、频率或黏稠度）改变。

■ 体重减轻。

胃肠道梗阻

短暂的呕吐通常意味着短暂的肠胃不适。反复呕吐则表明有异物（如骨头或儿童玩具）堵塞胃或肠道。如果物体阻塞在胃里，狗一般不会表现异常；但肠梗阻的狗会因腹部疼痛而蹲伏着，蜷缩起来。发生这种情况，需要立即带它去宠物医院就诊。异物较小，可以使用内窥镜通过喉咙从胃里取出。否则，就需要手术。

康复期间需要给狗喂食易消化的食物，如米饭和鸡肉。

"胀气"引起的梗阻是一种外科急症。在这种情况下，气体在胃内积聚，导致胃胀（胃扩张），有时是胃扭转（肠扭转）。像大丹犬这种胸部深的大型犬种特别容易患这种疾病。如果狗烦躁不安、干呕、流口水（尤其是在吃完东西后），并且腹部膨胀，那么应该尽快带它去宠物医院接受检查。为了避免腹胀，进食一小时内不能剧烈运动和大量饮水。每天少食多餐也有助于缓解症状。

便秘是另一种形式的梗阻，可能会导致狗失去食欲，甚至呕吐。根据导致便秘的根本原因（如啃骨头）和便秘的严重程度选择治疗方法。如果泻药无效，可能需要进行全麻，然后灌肠。

腹泻

饮食突然改变是引起狗腹泻的一个很常见的原因。给狗喂食任何新食物，都要和当时吃的食物进行混合过渡，并不断增加新

◁ **梗阻的风险**
如果狗吞下一块大的物体，如木头或石头，或者是袜子或儿童玩具等，这些异物会滞留在它的胃或肠内，导致呕吐。

△ **需要时间恢复**
患有肠胃不适的狗在恢复的过程中，会昏昏欲睡，比平时睡得更久。鼓励它少量多次地喝一些补液或凉开水，并避免剧烈运动直到它身体康复。

▽ **进食易消化食物**
患有消化系统疾病的狗在恢复的过程中，一旦能够控制水分流失，就需要少食多餐。宠物医生会推荐处方粮，宠物主人也可以给它提供容易消化的食物，如鸡肉。

食物的比例，让天然的肠道菌群有时间调整。

大多数成犬有乳糖不耐受的问题，喝牛奶会腹泻。有一些犬也会对麸质（小麦中的一种蛋白质）不耐受，但这相对比较少见，这也会导致腹泻和体重减轻。验血和试验性无麸质饮食后腹泻停止能帮助确定是否存在不耐受。

胰腺问题

胰腺分泌重要的消化酶，如果分泌量不足，就会使狗变得异常饥饿，并伴有腹泻和体重减轻。通过验血能检查胰腺功能是否正常，并可服用膳食补充剂来代替消化酶帮助消化。

更严重的胰腺疾病是胰腺炎。

高脂饮食是其常见的诱因，如吃了留给野鸟的脂肪球。胰腺炎无特异性症状，但会发生间歇性呕吐、急性腹痛和腹胀。该病通过验血和超声波扫描就能确诊。治疗包括止痛、服用止吐药和住院进行静脉输液。

脱水的危险

小型犬和幼犬尤其容易因反复呕吐和腹泻（胃肠炎）在数小时内发生脱水，变得虚弱，最糟糕的情况需要住院和静脉输液。如果担心狗患有胃肠炎，应尽早就诊。

生殖系统疾病

各种各样的问题会影响狗的生殖器官，包括感染和肿瘤。对于家庭养狗，通常建议进行绝育，这可以降低公犬和母犬患严重疾病的风险。

症状

- 腹部膨胀（母犬）。
- 外阴有分泌物。
- 乳腺增生与溢乳。
- 乳腺结节。
- 行为变化（母犬）。
- 睾丸大小不一致。

母犬的正常发情期

宠物主人要了解未绝育母犬在正常的生殖周期中的表现。母犬在 6 个月大的时候就会开始第一次发情，然后每隔 6~12 个月再次发情，个体存在较大差异。在发情期，母犬的外阴会排血，每天的血量不等。如果它每天都把血舔得干干净净，宠物主人就会错过它的发情期。如果不想让它交配，就应该在此期间把它隔离起来，以避免吸引该区域未绝育的公犬。

假孕

这是母犬生殖周期中的正常部分，出现于发情结束后的几周。母犬出现把玩具和其他物品带回狗窝的行为，通常就和母性行为或筑巢本能有关。它的乳头会肿胀，乳腺可能开始分泌乳汁。然而，假孕也会导致不可预测的行为和更具攻击性，药物治疗可抑制此类行为。

乳腺肿瘤

在性激素的影响下，乳腺肿瘤的发生通常在母犬发情期前后，但也可能和生殖周期无关。乳腺肿瘤可能是良性的，但如果是恶性的，就有可能扩散到邻近的乳腺和肺部。尽早对母犬进行绝育，可以降低肿瘤发生的可能性。宠物医生通常会用手触摸母犬的腹

◁ **产生兴趣**
对于性成熟的狗来说，对异性产生兴趣是很自然的事。绝育不仅可以杜绝不必要的行为，还可以降低许多生殖系统疾病发生的风险。

△ **筑巢本能**
未绝育母犬会经常经历假孕。她可能会把自己的狗窝当作一个产房，收集物品，仿佛是在照顾它们，有时还会对这些物品产生强烈的占有欲。

部，检查乳腺是否有肿块。如果发现狗乳腺有增生，应及时就诊。

子宫感染

子宫感染（或称子宫蓄脓）通常发生在母犬发情后数周。可以注意到在它的外阴处有难闻的分泌物，但几乎没有其他明显的症状。部分母犬会病得很重，出现发烧、食欲减退、呕吐、尿频、大量饮水等症状。患病犬的腹部膨胀但触感柔软。子宫蓄脓的常用治疗方法是绝育，但由于母犬身体不适，出现并发症的风险很高。有时，经过一个疗程的抗生素治疗后感染会消除，但很可能在下一次发情后复发。理想情况下，只要母犬身体健康，就应该在它下次发情之前进行绝育。

隐睾

隐睾是指公犬的一侧或两侧睾丸仍留在腹部或腹股沟内，而不在阴囊内。如果幼犬发生隐睾，宠物医生会定期检查它的阴囊，直到睾丸完全下降。如果睾丸不下降，建议进行绝育，因为隐睾会增加睾丸肿瘤的发生概率。

睾丸肿瘤

老年犬的睾丸大小有时存在明显差异。睾丸肿瘤通常会导致一侧睾丸变大变硬，而另一侧则萎缩松弛。治疗方法是切除两侧睾丸，但如果肿瘤已经扩散，就无法完全治愈。

绝育

如果不打算让自己的狗繁育，就可以在它性成熟之前进行绝育。对于母犬来说，绝育可以避免子宫感染和卵巢及子宫内膜增生等问题。对于公犬来说，绝育可以防止睾丸增生；对于表现出不当行为的幼犬，通常建议进行绝育，如在发情时抱着宠物主人的腿和追着母犬跑等。绝育后，不管是公犬还是母犬，其新陈代谢都会减慢，所以要让宠物在绝育前就保持合适的体重。

泌尿系统疾病

泌尿系统问题会迅速影响狗的整体健康，需要尽快诊断。注意狗的正常饮水量和排尿量是否有变化，因为这可能是一个早期预警信号。

症状

- 经常蹲下或跷起后腿，但只排出少量尿液。
- 经常排出大量尿液（多尿）。
- 尿液颜色（正常的淡黄色）改变。
- 腹痛。
- 口渴加剧（多饮），24小时内每千克体重饮水量超过100毫升（如果狗是家中唯一的宠物，且不从池塘等外部水源饮水，则很容易测量）。

膀胱炎

膀胱感染（膀胱炎）往往在母犬中更常见，因为母犬的尿道（从膀胱输送尿液的管道）比公犬的尿道短，这就使得细菌更容易进入母犬体内。患有膀胱炎的狗会频繁排出少量尿液，其中含有血液，呈粉红色。如果能采集尿液样本（详见129页），将有助于诊断，否则，宠物医生会直接从膀胱导尿收集样本。如果存在感染，宠物医生会开具合适的抗生素进行治疗。

找到膀胱炎发生的潜在原因很重要。例如，糖尿病患者的尿液中含有葡萄糖，这就增加了膀胱感染的发生概率。膀胱壁增生导致膀胱感染则相对少见，宠物医生触诊狗膀胱或进行膀胱扫描检查可以做出诊断。

尿结石

尿液中存在结晶也可能导致膀胱炎。在显微镜下可以看到结晶。随着病情发展，尿晶体会在膀胱中形成结石。宠物医生用手触摸膀胱可以感觉到结石，通过X光拍摄或超声波扫描也可以发现结石。有些膀胱结石可以用药物溶解，但有些必须通过手术去除。取出的结石可以送检分析，以确定如何防止结石继续形成。

如果结石从公犬的膀胱流向尿道，可能会发生尿道堵塞，因为公犬的尿道又细又长（不像母犬的尿道，又短又宽）。出现这种情况需要立即就诊。因为结石堵在尿道中不仅会让狗感到非常痛苦，还会阻碍尿液排出，导致肾脏压力增大，对肾脏造成损害。

"要分清是缺乏排尿训练，还是尿失禁。"

▷ **多饮**
如果狗长时间站在水碗边喝水，或者反复去水碗处喝水，这就是多饮的表现，其膀胱或肾脏可能存在问题。

△ **膀胱感染后的不适**
得了膀胱炎会让狗感到痛苦。平时活跃的狗会变得情绪低落，对运动也不再感兴趣。

前列腺疾病

　　前列腺是公犬尿道周围的性腺，易患各种疾病。尿道发生细菌感染会导致前列腺肿胀和炎症。症状包括阴茎滴血、尿失禁或排尿困难、腹痛和排便困难。宠物医生会用抗生素治疗感染，并对患病犬进行绝育。肿胀也可能由良性前列腺增生引起，这种情况一般发生于未绝育犬，而治疗方法就是绝育。前列腺增生很少是由肿瘤引起的，尤其是绝育犬。

尿失禁

　　要分清是缺乏排尿训练还是尿失禁，前者是当狗不能及时出门时有意识地排空膀胱，后者是狗处于放松状态或睡着时漏尿。幼犬发生尿失禁可能是由于存在先天性生理结构异常，这可以通过手术治疗。有些狗在绝育后会发生尿失禁，部分需要长期服药；老年犬患尿失禁后通过服用药物也可以在一定程度上控制病情。还要检查排除潜在疾病的可能。

肾病

　　肾脏的功能是过滤血液中的

尿液检查

　　尿液样本要在早上第一次排尿时采集，采集到的样本带去宠物医院做检查。使用一个可密封的容器，提前做好采样准备，当狗蹲下或翘起一条腿时，快速凑过去接尿液。宠物医生也会提供"尿液采集器"，方便宠物主人操作。

废物，所以易受感染，并会受到一些遗传性疾病的影响。肾衰竭在老年犬中很常见。症状包括口渴加剧和排尿增多，并伴随体重减轻、食欲减退，随病情发展还会出现呕吐。尿液和血液检查有助于确定病因。

神经系统疾病

神经系统由脑、脊髓以及传递信号的神经通路组成。该系统中的任何一部分都有可能发生疾病，最终会影响狗的行动和行为。

犬类青少年癫痫

癫痫发作或突发是由脑电波干扰引起的，任何年龄的狗都可能患上这种疾病（详见第158~159页）。然而，如果一只狗在幼犬期就开始发作，那么它有可能是患上了犬类青少年癫痫。抽血检查通常是为了排除其他引起癫痫突发的原因，如肝脏疾病。

如果血液检查结果正常，一般就确诊为犬类青少年癫痫，尤其是那些易患该疾病的品种，如比格犬、边境牧羊犬、德国牧羊犬、金毛寻回犬、拉布拉多猎犬以及爱尔兰雪达犬。患病犬需要终生接受抗癫痫药物治疗。

摇摆综合征

摇摆综合征是颈骨变形对脊椎施加压力而引起的。患病犬的行走方式会改变，前腿迈出小步且徘徊不前，后腿脚步摇摇晃晃。同时还有颈部疼痛的问题。摇摆综合征有两种形式：一种影响大型犬（如大丹犬等），在青年期出现，并逐渐恶化；另一种影响杜宾犬，直到中年才出现。该病经X光拍摄和核磁共振成像扫描后可以确诊。皮质类固醇对该病的治疗会有所帮助，在某些情况下，建议手术治疗。

脑积水

这是一种发生于吉娃娃犬、京巴犬和波士顿梗的先天性疾病（一出生就存在）。脑积水的产生是因为流经大脑和脊髓以保护其免受损伤的液体无法正常排出。液体的积聚会导致颅骨内部产生压力，并有导致脑损伤的风险。

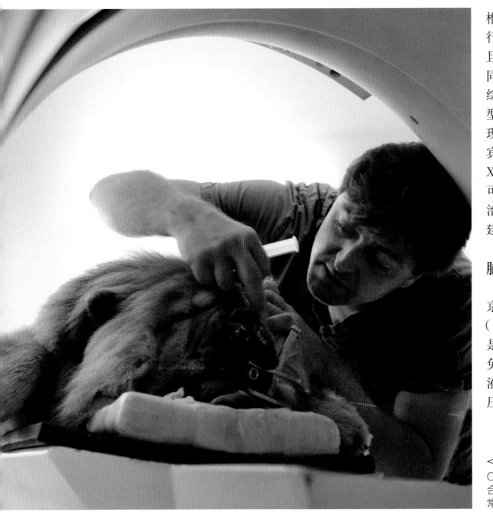

◁ **CT 扫描**
CT 扫描就是将计算机技术与X射线相结合，通过生成身体横截面图像来检测异常，对于研究大脑疾病有极大的帮助。

▷ **吉娃娃犬的问题**
脊髓空洞症是一种会影响狗的步态和姿势的脑部疾病。这是圆顶头犬种的遗传病，如吉娃娃犬等。

▽ **易发癫痫**
德国牧羊犬是已知的易患犬类青少年癫痫的少数品种之一。药物治疗是控制这种疾病的常用方法。

问题严重的幼犬通常出生后存活时间不长，而且无法像同窝幼犬一样正常生长发育，它们的头骨明显向上拱起并呈半球形。轻度脑积水可能要等到狗长大后才会被发现。

该病经核磁共振成像扫描或CT扫描或超声成像可以确诊。药物治疗可以减少液体的产生，也可以在大脑中插入分流器（管）以排出多余的液体。

犬特发性前庭综合征（IVS）

犬特发性前庭综合征（IVS）多发于老年犬，影响内耳的平衡中心，常被宠物主人误以为是中风。患病犬会突然倾斜头部，甚至会失去平衡。它们眼中的世界在不停地旋转，所以当它们试图阻止世界旋转时，眼珠就会从一边快速转到另一边。有些狗的病情很严重，它们会感到恶心而呕

吐，还会走路转圈。

IVS通常在几天后自愈。如果狗不能自主减少采食量和饮水，宠物医生会给它开药来缓解恶心。有一种促进大脑血液供应的药物可以帮助预防这种疾病。

慢性退行性神经根脊髓病（CDRM）

慢性退行性神经根脊髓病（CDRM）是一种十分痛苦且会影响脊髓的疾病。尽管患病犬在其他方面都很正常，能够对膀胱和肠道进行自主控制，但该病会导致狗逐渐失去后肢的协调性和运动能力。会发生CDRM的品种包括德国牧羊犬、拳师犬和威尔士柯基犬。除了帮助狗尽量应对这种情况之外，该病没有其他治疗方法。

脊髓空洞症（SM）

SM是这种疾病众所周知的叫法，其特征是头颈部疼痛，并且难以定位疼痛点。患病犬睡觉时会把头摆成一个奇怪的姿势，被人抱起时会表现出疼痛，或者爬楼梯时有困难。对于患病犬来说，典型的症状是一边走路一边用后腿踢，好像要挠自己的耳朵似的。SM最常见的发病原因是大脑结构缺陷，这种缺陷导致大脑尺寸与颅骨空间不匹配。这是一种圆顶头犬种的遗传病，如骑士查理王猎犬、吉娃娃犬和布鲁塞尔格林芬犬。

这种疾病的确诊需要进行核磁共振成像扫描，这项检测也被用于疾病筛查。可以通过改变生活方式来缓解疼痛，如把狗的食盆垫高，用胸背带代替项圈做牵引绳牵着它走路。该疾病也可以通过手术治疗。

内分泌系统疾病

激素是一类由腺体释放到血液中的化学物质，它们将信息传递到身体各组织和器官。大多数内分泌系统疾病都是由这些化学物质的过量分泌或分泌不足而引起的。

症状

- 口渴加剧（需要宠物主人续满水碗的频率增加；在池塘或水坑中饮水）。
- 食欲改变（增加或减少）。
- 毛发改变（颜色和质地改变、掉毛）。
- 周期性复发皮肤感染。
- 体重增加、体重减轻，或无法减轻或增加体重（变化可能不易察觉，需要很长时间）。
- 嗜睡和疲倦。

糖尿病

胰岛素是胰腺分泌的一种激素，其作用是控制血液中的葡萄糖水平。胰岛素缺乏会导致糖尿病。

糖尿病的常见症状是饥饿、体重减轻、异常口渴和频繁大量排尿。有时候，该病首先出现的症状是由白内障（晶状体混浊）导致的视力丧失。并且有时这种疾病难以被诊断出来，直到狗因糖尿病引起的并发症而感到不适并必须接受检查时才会被发现。

糖尿病的治疗方法是注射胰岛素，并配合正常喂食和运动。许多宠物主人起初对给狗注射胰岛素有所顾虑，但很快他们就接纳并成为日常生活的一部分。

母犬在进入发情期后有可能会患上糖尿病。只要胰腺中有足够的胰岛素分泌细胞，可行的治疗方法就是绝育。肥胖是患糖尿病的另一个危险因素。这种疾病似乎在某些品种中更为常见，如迷你贵宾犬和玩具贵宾犬、某些梗犬和萨摩耶犬。

△ **终日疲倦**
如果狗睡得比平时多，而且不太活跃，那么它可能不是因为年龄增长导致行动变慢，而是健康出现了问题，如甲状腺功能减退。

 ▷ **过度口渴**
口渴加剧是内分泌失调的常见症状，如糖尿病或库兴氏综合征。

甲状腺功能减退

这种疾病的发生是因为颈部甲状腺分泌的激素减少。甲状腺功能减退易发于中年犬，但对于易患该病的品种来说，甲状腺功能减退会在较年轻时出现，如爱尔兰雪达犬、英国古代牧羊犬、杜宾犬和拳师犬。甲状腺功能减退会有多种症状，典型症状包括体重只增不减和嗜睡。皮毛颜色可能会发生变化，皮肤变薄导致掉毛和皮肤感染。甲状腺功能减退可以通过血液检查来诊断，并通过服用甲状腺激素片剂进行替代治疗。

库兴氏综合征

库兴氏综合征多见于中年犬或老年犬，是血液中皮质醇水平异常升高的结果。皮质醇是肾上腺分泌的一种激素。该疾病常见症状包括食欲增加、口渴、排尿增多、掉毛、腹部隆起下垂和皮肤色素沉着。也会有伤口愈合缓慢、呼吸急促和嗜睡等症状。可通过血液和尿液检测、X光拍摄和超声波检查来诊断。治疗方法通常是药物治疗，如果皮质醇水平升高是由肾上腺肿瘤导致的，可进行手术治疗。

艾迪生病

艾迪生病是由于肾上腺分泌的皮质醇和醛固酮减少而引起的。这两种激素的缺乏会破坏血液中的钠钾平衡，并会影响抗应激能力。这种疾病通常影响年轻犬或中年母犬，有时是因为突然停用

与艾迪生病共存
患有艾迪生病的狗在接受治疗后可以正常生活。在产生应激的情况下，如被带入犬舍，就需要额外的药物来帮它抵抗应激。

皮质类固醇药物而引发。

艾迪生病的症状不是很明确：包括呕吐、腹泻、食欲减退、体重减轻和口渴加剧。有时，这些症状会加重，狗会在所谓的"艾迪生危机"中崩溃。可通过血液和尿液检测进行诊断。治疗包括服用药片补充激素，并通过定期血液筛查进行监测。

侏儒症

脑垂体位于大脑下方，分泌能够调节生长的激素。先天性侏儒症，就是这种生长激素分泌不足从而导致正常生长发育受阻的结果。患侏儒症的幼犬，其头、身体和四肢仍成比例但体型矮小；另一种情况是身体局部出现异常，如腿。因为刚毛没有长出来，所以胎毛掉落后没有毛可以替换，患病犬的脱毛症会越来越明显。即使是成年后，它们的叫声仍然很尖锐，且没有性成熟的表现。

侏儒症可通过注射生长激素和补充甲状腺激素来治疗。患病犬的寿命会缩短。

免疫系统疾病

正常情况下，免疫系统的主要功能是抵御疾病和保护机体免受伤害。免疫系统一旦出现问题，就无法提供足够的保护，或者变得过度活跃，就会造成自身疾病。

症状

■ 皮肤瘙痒（过敏）。

■ 淋巴结肿大（淋巴瘤）。

■ 嗜睡。

■ 体温升高。

■ 鼻子上有鳞屑和结痂（盘状红斑狼疮）。

■ 自发性出血（血小板减少）。

过敏

过敏是机体免疫系统对过敏原（通常是无害的物质）的过度反应。跳蚤过敏性皮炎是一种常见的狗皮肤病（详见第 110 页），起因于免疫系统对跳蚤唾液的过敏反应。有些狗会对环境过敏原做出反应，如那些能够被吸入或者与皮肤接触的花粉。对某些食物过敏也会引起过敏反应。

一般来说，过敏的症状最常见的是皮肤瘙痒，首先在幼犬上出现。严格地控制跳蚤是至关重要的，同时通过食物试验来鉴别食物过敏会更容易避免因食物而引起的过敏反应。治疗方法主要有：用沐浴露和抗生素来治疗皮肤感染，抗组胺药或低剂量的皮质类固醇可以减少过敏反应。过敏原可以通过皮肤试验和特定的血液试验来筛查，确认过敏原后可配制疫苗。

淋巴瘤

淋巴结是免疫系统的前哨。这些小器官起着过滤器的作用，在细菌和其他有害物质进入血液之前可将它们捕捉。淋巴结增大可能是由于受伤或者感染导致的，更为严重地，它意味着一种名叫淋巴瘤的癌症。狗的淋巴瘤可见或者可感觉到下颌两侧或肩前有肿胀。如果疾病已经发展到晚期，狗会过量饮水。淋巴瘤诊断需要肿大淋巴结的活体组织切片、血液检查、X 光拍摄和超声波检查。化学疗法可以成功地治疗淋巴瘤，尤其是早期诊断出来的淋巴瘤。

◁ **过敏倾向**
日本秋田犬是易患皮肤过敏的品种。过敏反应的迹象包括全身的过度舔舐和抓挠。

△ **施普林格幼犬易患**
免疫介导性溶血性贫血发生在许多品种中，包括英国施普林格猎犬。该疾病可逐渐发展或突然出现，同时伴有牙龈苍白和嗜睡。

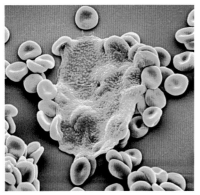

△ **红细胞的破坏**
免疫系统中的一种大型血细胞（巨噬细胞）破坏机体自身的红细胞，会导致免疫介导性溶血性贫血。

免疫介导性疾病

该疾病较为罕见，是指免疫系统直接攻击自身组织导致的疾病。这种情况会造成各种各样严重的疾病，其中包括系统性红斑狼疮，一种引起血液凝结、关节疼痛、皮肤变化和疼痛的炎症疾病。诊断方法包括血液检查、皮肤活体组织检查和关节液检查。系统性红斑狼疮可以用免疫抑制药物治疗。另一种狼疮，皮肤或盘状红斑狼疮（DLE）会影响狗的鼻子，有时候也会影响皮肤的其他部位，导致结垢、结痂、脱色和溃疡。盘状红斑狼疮可经皮肤活体组织检查诊断。用乳膏或软膏治疗对轻度病例可能会有帮助，但是重度病例需要使用免疫抑制药物进行治疗。

免疫介导性溶血性贫血是由红细胞的破坏引起的。这种疾病的发生可能归因于感染或药物治疗或另一种免疫紊乱，如系统性红斑狼疮（SLE）。这种疾病尤其易发生在英国施普林格猎犬和美国可卡犬身上。症状包括嗜睡、虚弱、牙龈苍白和发烧。诊断方法包括血液检查、X光拍摄和超声波扫描。这种疾病可以用皮质类固醇治疗，如果可能的话可对潜在的致病因子进行治疗并输血。

在免疫介导性血小板减少症中，血小板计数低（血小板是最小的血细胞），从而影响正常的血液凝结。症状包括皮肤下针状出血、鼻出血和牙龈出血。易感染这种疾病的品种包括可卡犬和贵宾犬。可通过血液检查来诊断，治疗方法包括免疫抑制药物治疗。

体外寄生虫

即使是定期打理的狗也容易受到各种皮肤寄生虫的感染，其中有一些寄生虫是严重疾病的潜在携带者。全年预防是控制寄生虫的关键。

136

狗的健康

症状

- 抓挠。
- 斑秃。
- 结痂和硬块。
- 能看到寄生虫。
- 黑色碎屑（跳蚤排泄物，溶于水时会留下明显的红色条状物）。
- 寄生虫引发的病症（例如，蜱虫携带的莱姆病：疼痛、关节肿胀、发热、不吃东西、嗜睡、淋巴腺肿胀，以及比较少见的颈部疼痛、癫痫、肾衰竭、心脏问题）。

跳蚤

宠物主人需要采取全年预防跳蚤的措施。用跳蚤梳子梳理狗的皮毛，尤其是它的臀部，可以抓住跳蚤，然后用梳齿轻松地将跳蚤碾碎杀死。还有可能发现一些黑色碎屑，这是跳蚤的排泄物。治疗药物包括点涂于颈后部的驱虫药、药片和颈圈。或者也可以给狗使用喷剂、洗剂和粉剂。在治疗狗的同时，要对所有的其他宠物包括猫和兔子进行治疗。跳蚤会在地毯和家具里面度过生命周期的大部分时间，所以需要使用专用杀虫剂对家庭环境进行驱虫。

蜱虫

蜱虫感染呈现季节性趋势，多发于春季和秋季。蜱虫附着在狗身上，会传播疾病。例如，有些蜱虫携带伯氏疏螺旋体，这种病原体来源于哺乳动物如啮齿动物和鹿，会让人类和狗患莱姆病。

迅速清除蜱虫可以降低感染的风险。用镊子或蜱钩贴近狗的皮肤，但不要捏住蜱虫。轻轻转动镊子，即可拔出蜱虫。如果它的头是嵌入式的，也试着将头部去掉。留下的口器会引起感染形成肿块，通常不需要治疗，肿块会慢慢消失。

如果狗生活在或将要去蜱虫多发的地方，应采取保护措施，如正确的驱虫治疗和驱虫项圈。

螨虫

蜘蛛样的疥螨通常会由狐狸传染给狗。这种螨虫常感染耳朵、肘关节和跗关节，造成伴有严重瘙痒、掉毛和皮肤溃疡的疥螨病。

蠕形螨可能在出生时由母犬传染给幼犬。它们会感染头部和眼周的皮肤，也可能出现在任何地方，造成被毛稀薄、斑秃和异味。健康犬的擦伤伤口上也会出现这些螨虫，但一般会在狗应激或因免疫力低下发生疾病时出现。轻度蠕形螨病无需治疗即可痊愈。严重的病例需要使用专用药物来杀死螨虫直至伤口愈合。如果发生炎症感染，就需要使用抗生素进行治疗。

夏天，狗在田野里奔跑会沾上这种橙黄色的非寄生性恙螨，它往往出现在狗的脚趾、耳朵和眼周皮肤上。恙螨很容易被擦掉，通常不会引起反应，然而它们可能与一种严重的疾病——季节性恙虫病有关。

虱子

身上有虱子的狗会经常抓挠。可以在被毛和皮肤上看到虱子，虱子的卵附着在毛发上。虱子的整个生命周期都在狗身上，持续时间不到三周。虱子会通过与其他狗的密切接触或通过梳理工具传播，但是不会传播给人类。宠物医生会推荐特定的治疗方法。

▷ **皮肤寄生虫**
虱子、跳蚤和蜱虫是常见的寄生虫，它们都会造成危害，而且蜱虫可以传播疾病。可以采取预防措施和定期检查狗的皮毛，将这些害虫的数量降到最低限度。

虱子

跳蚤

蜱虫

抓跳蚤
如果狗一直咬或抓它的皮肤，它很可能是被跳蚤困扰。这些害虫会在体表爬动，以宿主的血液为食，产生的刺激足以使狗疯狂。

体内寄生虫

寄生在宠物体内的蠕虫很常见，很容易被常规的治疗控制住。最佳方法是预防体内寄生虫，而不是感染后再去治疗感染及伴随症状。

蛔虫

成年蛔虫看起来像一根根意大利面条，生活在肠道中并产卵，经由粪便排出。经过1~3周的成长后能够感染其他动物，包括人类。这就是为什么收集狗的粪便会如此重要。接触土壤或进食啮齿动物等其他宿主会使狗感染蛔虫。蛔虫也会经胎盘传播感染母犬子宫内的幼犬。

预防蛔虫要从治疗怀孕的母犬开始，在幼犬出生后，继续对幼犬和母犬驱虫，并且在整个生命周期过程中持续进行。可向宠物医生咨询使用哪种产品以及幼犬长大后要遵循的驱虫频率。

绦虫

犬复孔绦虫（*Dipylidium caninum*）是最常见的一种绦虫，它的卵由跳蚤携带，狗通过舔舐并吞下皮毛上的跳蚤感染绦虫。成

▽ **健康的家庭**
对孕期母犬也要进行驱虫，即在幼犬出生之前就要开始预防蛔虫。之后也应定期驱虫。

蜗牛的危险

不管狗有意还是无意吃下被感染的蜗牛或蛞蝓，都会感染肺线虫，有时，放在室外的玩具或食盆上就会有蜗牛。

绦虫的来源

狗最可能从携带绦虫的跳蚤身上感染虫体，但受污染的生肉和啮齿动物等野生动物的尸体同样也会造成感染。

虫在肠道内发育，并排出含有卵的部分，在狗的肛周或粪便中可以看到蠕动的"米粒"。这些"米粒"会引起瘙痒，使狗沿着地面拖动臀部（蹭屁股）。治疗方法包括使用针对绦虫的药物，与此同时控制跳蚤。

狗会因吃内脏、生肉、野生动物或动物尸体而感染其他种类的绦虫。有些绦虫会对人类健康构成严重的威胁。

肺线虫

这种寄生虫（血管圆线虫 *Angiostrongylus vasorum*）也被称为法国心丝虫，狗会因进食携带蛔虫幼虫的蜗牛和蛞蝓而感染寄生虫。成虫在右心室和肺动脉中发育。雌虫的卵中含有第一阶段的幼虫，这些幼虫通过血液进入肺部。它们在这里孵化，钻入肺组织并造成伤害。狗会把它们咳出来，然后再吞下去，随着粪便排出体外，再次感染蜗牛和蛞蝓。

肺线虫很难诊断。症状包括嗜睡、咳嗽、贫血、鼻出血、体重减轻、食欲不振、呕吐和腹泻，狗也会表现出行为上的改变。诊断检测包括气管灌洗液和粪便镜检，以及放射检查和血液检查。

宠物医生会推荐治疗和预防肺线虫的药物。平时要及时收集狗的粪便（如果在院子发现狐狸的粪便，也要捡起来）。肺线虫不会直接传染给其他宠物或人类。

心丝虫

这种寄生虫（犬心丝虫 *Dirofilaria immitis*）通过蚊子的叮咬传播。心丝虫生活在狗的心脏、肺和周围的血管中，如果不及时治疗会造成死亡。高风险区在蚊子滋生的季节，如果狗发生咳嗽或昏睡，宠物主人应立刻带其就医。宠物医生会通过血液检查来诊断心丝虫，但治疗存在风险，需要狗静养数周。使用药物通常可以起到全年预防心丝虫的效果。

蠕虫的预防

定期驱虫可以减少感染。宠物医生会建议最佳的驱虫方案。宠物主人要知道哪些情况会感染寄生虫，例如，在公共场所遛狗，狗喜欢舔食啮齿动物的尸体，或者狗和小孩一起玩耍，这将有助于制订理想的驱虫方案。严格控制跳蚤是预防绦虫的关键。宠物主人要经常称量狗的体重，尤其是生长阶段，以确定给药的正确剂量。

传染病

大多数传染病是由细菌和病毒引起的，和人一样，狗的细菌感染也可以用抗生素治疗，而许多严重的病毒感染可以通过接种疫苗来预防。

症状

- 腹泻（有时带血）、呕吐和腹痛。
- 流鼻涕、咳嗽、眼睛有分泌物（犬瘟热）。
- 脚垫和鼻子发干硬化（犬瘟热）。
- 食欲不振。
- 虚弱，委顿。
- 发热。
- 皮下出血、鼻出血（钩端螺旋体病）。

▽ **年龄弱势群体**
狗的年龄影响它们抵抗疾病或应对疾病影响的能力。非常年幼的幼犬和大龄老年犬最容易感染传染病。

犬细小病毒病

这种危险的病毒感染常见于未接种或未完全接种疫苗的幼犬，会引起急性胃肠炎，伴随出血性腹泻和呕吐，能在仅仅 2~3 天内致命。细小病毒可以在环境中存活数月，通过感染的粪便传播。

通过粪便病毒检测以及病史和症状可以诊断细小病毒。治疗包括持续静脉输液，同时辅以止吐的药物和防止继发性细菌感染的抗生素。

犬瘟热

犬瘟热病毒传染性非常强，可以通过空气中的飞沫在狗群中迅速传播开来，幼犬和未接种疫苗的犬易感。疾病首先影响呼吸道，引起流鼻涕、咳嗽和眼睛产生分泌物。之后会出现呕吐和腹泻，狗的脚垫和鼻子发干变硬。这种病毒在环境中寿命不长，可以被大多数家用消毒剂杀死。

犬瘟热可通过病史和症状来诊断。治疗包括使用防止继发感染的抗生素，如果有胃肠炎则辅以止吐剂和静脉输液。

▽ **街道上的危险**
许多街道都生活着野狗，有些携带狂犬病病毒。无论它们看起来多么可爱，都不应该去触碰。

钩端螺旋体病

钩端螺旋体病通过患病动物的尿液传播，是一种传染性极强的细菌疾病，人畜共患。其中一种血清型是黄疸出血型，可引起威尔氏病，患病部位是肝脏；病原由老鼠携带，狗直接接触其尿液，或者在沟渠和池塘中游泳就会被感染。钩端螺旋体的犬型变种会影响狗的肾脏，症状包括呕吐、出血性腹泻、虚弱和发热。

钩端螺旋体病可通过血液、尿液检测来诊断。需要长期使用抗生素和静脉输液治疗，并且狗必须隔离护理。

狂犬病

狂犬病毒可通过患病动物的唾液感染被咬伤的人，但并不一定会导致狂犬病。狂犬病会引起癫痫、喉咙疼痛痉挛和瘫痪，一旦发病，死亡率接近 100%。狂犬病通过病史和症状进行诊断（也可以通过脑部尸检来确定）。所幸目前可供人和狗接种的狂犬疫苗非常有效。

弯曲杆菌病和沙门菌病

它们都是细菌性疾病，以胃肠炎为特征，可以在人和狗之间互相传播。初次感染是因接触或食用了受污染的食物或水。

弯曲杆菌病和沙门菌病可通过检测新鲜粪便样本来诊断。并通过静脉输液和特定的抗生素来治疗。针对传染病的预防措施包括避免食用生肉和未煮熟的肉类，食物注意密封防止苍蝇叮咬。

接种疫苗

保护狗免受传染病的侵害是宠物主人能为它做的最好的事情之一。接种疫苗大大降低了犬细小病毒病和犬瘟热等主要犬类疾病的发病率，并能预防其他传染病，包括狂犬病和钩端螺旋体病。在孕前及时给母犬接种疫苗，可以将免疫力传递给幼犬。这种保护力会在分娩后的数周内有效，之后再给幼犬接种疫苗。宠物医生也会建议注射疫苗加强针的时间。一般初次免疫 12 个月后注射加强针，对某些疾病的保护作用能达到 3 年。

> "**病毒性疾病很**容易在狗之间**传播，幼犬和未接种疫苗的犬**尤其易感。"

替代疗法

许多宠物医生配合传统医学使用替代疗法，通常也称为辅助疗法。可以向宠物医生咨询这样的治疗方法是否对狗有益。

推拿疗法

没有注册宠物医生资格证的从业者也可以提供部分辅助疗法服务。举个例子，这些辅助疗法包括整骨术、物理疗法和脊椎按摩疗法等可能对治疗狗的背部问题有效果的手法。但是，狗必须由宠物医生介绍给从业者，同时宠物医生已经对它做了检查和诊断，并判定这种手法治疗会对狗的疾病恢复有益。

针灸

只有经过专门训练的注册宠物医生才能对动物进行针灸。在这种疗法中，医生会将细而坚硬的针插入针灸穴位，来阻断疼痛信号和触发点。通常认为针灸可以刺激体内内啡肽的释放，内啡肽是一种身体分泌的化学物质，具有止痛效果，能够增加幸福感。

针灸对患有关节炎或者受伤引起的慢性疼痛特别有效。它也可能有助于治疗其他疾病，尽管人们对这类治疗效果了解较少。通常狗对针灸疗法的耐受性很好，尤其是在治疗过程中给狗喂食物安抚它。针头将插入穴位长达30分钟，宠物医生也可能移动针头来加强刺激。狗可以带着针四处走动或者躺下。有些狗在针灸过程中变得非常困倦，之后它可能会睡一会儿。

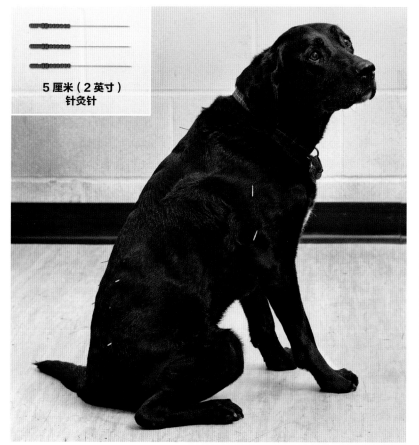

5 厘米（2 英寸）
针灸针

◁ **针灸**
用于针灸的针是一次性无菌的，每只狗都会使用一套新的。使用的数量、插入的位置、放置的时间以及移动的次数决定了治疗"剂量"。

▽ **物理疗法**
宠物医生会建议狗接受物理治疗，以帮助它在手术或受伤后的恢复。患有关节炎的老年犬也可以从这种治疗中受益。

针灸后一天左右，如果症状没有好转，反而恶化，这种情况并不罕见。如果病情持续恶化，那么针灸治疗师将会在下个疗程中调整治疗方法。有些狗对针灸完全没有反应，就像针灸治疗对某些人没有效果一样。

起初，针灸治疗通常是每周一次，在这期间监测狗的病情进展和治疗反应。根据狗的实际情况，治疗周期可能会间隔得更长。

水疗

游泳是一种不负重的运动方式，对关节问题非常有益，还有助于减肥、提高耐力和术后增强肌肉力量。水疗通过为水上运动提供可控的条件来增加这些好处。大多数狗喜欢使用水疗中心的设施，这些设施种类繁多，可以是一个简单的游泳池，也可以是一个水疗跑步机。将游泳池的水加热到舒适的温度，并定期监测水质。结束后还有一些设施可以把狗毛弄干，防止它变冷、僵硬。

如果水疗看起来有益处，那么宠物医生就会建议狗进行水疗。理想情况下，任何为狗提供水疗服务的人都应该具有资质，并在相应的专业机构注册过。

▷ **水疗**
如果狗喜欢游泳，宠物主人可以毫不费力地让它接受水疗，水疗师会提供合适的计划并指导狗在温水中训练。

草药和顺势疗法

只有注册宠物医生才能使用草药和顺势疗法为狗治疗。草药是一种基于天然物质的药物，听起来无害，但药方中可能含有强效活性剂，在某些情况下就非常危险，如与其他药物一起服用时。狗的许多常见健康问题，从过敏到关节炎、皮肤病和焦虑，都可能对草药疗法产生反应。如果给狗使用草药，一定要认真遵循宠物医生的指示。顺势疗法针对的是内在的病因，而不是外在的症状，采用的是调整性格和生活方式的整体治疗方法。这种疗法是基于"同样的制剂治疗同类疾病"的理论，即在健康状况下引起某些症状的物质，在小剂量使用时，同样可以治疗引起相同症状的疾病。

△ **顺势疗法药物**
许多顺势疗法药物都是液态的，可以直接滴在狗的舌头上或加到水中。

病犬护理

如果有一天，狗生病了或正处于术后恢复期，无法再像平时那样照顾自己，这时候就需要宠物主人来护理它们。遇到这种情况，应遵循宠物医生的指导，如有疑问，请咨询宠物医生。

术后家庭护理

在绝育或其他常规手术后，狗几乎不会在宠物医院过夜，但宠物医生会为宠物主人提供详细的关于必要的健康护理方面的建议。离开医院时，宠物医生会给狗开处方药进行后续治疗，如缓解疼痛的止痛药，但如果它服用后仍然不舒服，应联系宠物医生。除非医生另有建议，否则应立即限制狗的术后运动。

与一般看法相反，不包扎伤口弊大于利。一旦被狗舔舐后，伤口处会疼痛且容易发生感染。大多数狗可以接受佩戴伊丽莎白项圈或者类似装置，此外，使用防舔贴既可以阻止狗因好奇而伸

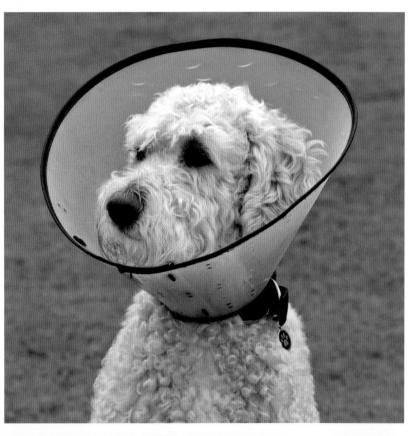

▷ **伊丽莎白项圈**
狗戴着伊丽莎白项圈会够不着食物和水碗，所以宠物主人可以在它吃饭、喝水的时候帮它取下项圈，吃完后再戴上。

△ ▷ **在食物中添加药物**
给狗喂药的一个简单方法就是把药加到食物中，前提是狗能把加了药的食物吃下去。给药前先看说明书：有些药需要空腹喂，有些药不能被压碎。

舌头舔舐，也可以防止它们用牙咬掉裹在爪子和腿上的敷料。

当宠物主人带狗外出活动时，可以穿犬靴或者用塑料袋覆盖敷料，以保持其干净干燥。如果狗过度关注敷料，或者伤口处敷料变臭变脏，应尽快联系宠物医生寻求建议。

给药

宠物医生给狗开的处方药应遵循医嘱由成年人来喂。确保家中其他宠物不会意外吞食药物，尤其是与食物混合给药的情况。如果宠物医生给狗开了抗生素，一定要让它吃完整个疗程。液体药在给药前应充分摇匀。如果宠物主人要给狗注射胰岛素等药物，应严格遵循医嘱储存药物和给药。

理想的给药方式是直接经口

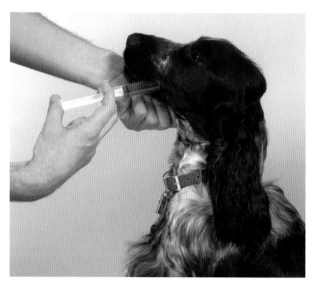

◁ **药液**
如果宠物医生开的处方药是一种悬浮液，给药前应摇晃药瓶确保药液充分混合。用喂药器按剂量抽取，直接喂狗或者与食物混合后一起喂。

▽ **睡着了**
术后，狗会花更多的时间睡觉。给它找个舒适的地方，让它的身体慢慢恢复。

147

病犬护理

> "术后，狗需要在**温暖**、安静且不被打扰的**环境中休息。**"

给药，因为宠物主人可以亲眼确认狗吞下了药物。如果狗拒绝口服药物，应告诉宠物医生，因为有些药物可以夹藏在主食或零食中让狗吃掉（但如果药物必须空腹服用，就不能这么做）。除非药片的适口性很好，否则应避免将其粉碎后与食物混合给药，因为狗会拒食，这样给药就失败了。有些药只能整片服用。

如果狗在服药期间出现胃部不适（呕吐或腹泻）等症状，应

停止服药，并与宠物医生沟通这一情况。

食物和水

调整食盆和水碗的位置，以方便狗获取。可以考虑把盆碗抬离地面，这样狗就不用低头吃饭喝水了。宠物医生会给狗开处方粮来帮助它恢复健康。但是，如果狗不爱吃，应咨询宠物医生推荐其他合适的替代食物。同类问题还有狗拒绝喝宠物医生推荐的

补液。在这种情况下，宠物主人应鼓励它喝凉开水，这总比一点液体也不喝要好。

休息和运动

术后，狗需要在安静且温度适宜的环境中休息，并有舒适的狗窝。有些狗更喜欢睡在不被家人打扰的地方，也有些狗会需要宠物主人的陪伴。带狗在家附近稍微走一走，有利于保持它们的关节、膀胱和肠道功能正常。

老年犬护理

对于宠物主人来说，很难接受自己心爱的狗逐渐衰老，但是可以帮助它安度晚年，尽管它的生活节奏会变慢。只要对老年犬多一点照顾，它的晚年生活质量就会提高很多。

舒适感

年龄大的狗往往更容易受极端温度的影响。小型犬以及像灵缇犬和惠比特犬这类天生瘦弱且皮毛薄的品种犬会随着年龄的增长而越来越怕冷，如果在天气冷的时候，给它们穿一件外套会让其感觉更舒服。当所处环境温度升高时，宠物主人应记得帮狗脱掉外套，否则会因过热而出汗，千万不要让狗穿着湿外套。在天气特别暖和的时候，可以把风扇打开，这对于不耐热的狗来说是极大的安慰。

饮食与运动

老年犬的睡眠时间会延长，并且它们会变得不那么活跃，这

△ 抬高食盆
对于老年犬来说，仅仅只是把它的食盆抬高，就能让它恢复进食的乐趣。宠物主人可以买一个支架或者临时用其他东西来垫高食盆。

▽ 保暖
宠物主人可以选择买一件外套，或者用毯子量身定做一件外套，来为老年犬保暖。

些都是自然规律，但重点是不要让它们变胖。宠物主人可以经常带它们运动和选择低能量密度的老年犬专用粮，来帮助对抗体重增长。如果狗已经跟不上宠物主人的步伐，那么频繁的短途散步会更适合它们。如果家里有院子，那么老年犬就可以独自在院子里散步，而且它随时都可以休息。

狗的行动开始受到关节炎的限制。它们会发现自己很难跳进车里，或者很难上下台阶。如果狗不太重，宠物主人可以把它抬进车里，或者教它走斜坡。也可以把一块平板放在台阶上，将其变成一个平缓的斜坡。如果狗的脖子僵硬，宠物主人可以把它的食盆和水碗放在特制的架子上

▷ **放轻松**
应经常带老年犬在熟悉的路线上进行频繁的短途散步，如果它需要安全保护，就牵着它，然后跟着它的步伐慢慢走。

（或用砖头临时搭建），以便于它吃饭、喝水。如果一只患关节炎的狗很难继续蜷缩在笼子里，宠物主人就应该直接在地板上铺一个更大的牢固且有支撑的狗窝。

随着年龄增长，当老年犬无法再像从前那样好好打理自己时，就需要宠物主人经常帮它梳理。每次梳理的时间不宜过长，以避免让它感觉疲惫。

对于老年犬来说，身体僵硬是十分痛苦的。发生这种情况，宠物主人可以向宠物医生咨询关节营养补充剂和治疗药物，以帮助狗舒展关节。

老年专科门诊

有些宠物医院会设立老年专科门诊来帮助狗安度晚年。宠物主人会获得关于理想体重、营养补充剂、行为和饮食习惯改变以及运动等方面的建议。专科门诊可以帮助宠物主人尽早发现狗身上出现的问题，以尽快对它实施治疗。例如，评估狗饮水量的简单测试有助于宠物医生做进一步检查。

衰老和认知混乱

许多老年犬虽然身体健康状况良好，但仍会表现出衰老和认知混乱的迹象。在熟悉的环境中保持日常生活习惯会让它们感到安全。宠物医生会向主人推荐可能会缓解病情的药物。

◁ **体重监测**
保持老年犬身体健康的简单方法就是监测它的体重。体重意外下降是某些疾病的早期症状。

安乐死

也许有一天，当狗的生活质量变差时，宠物主人经过深思熟虑后会决定让它安乐死。安乐死只能由宠物医生来实施，不管是在家中，还是在宠物医院。医生会先给狗注射镇静剂，然后再将安乐死药物注入前腿静脉。有些狗会有不自主运动，出现大小便失禁，但许多狗会平静地离世。最好能提前想好如何处理狗的遗体，而不是等到实施安乐死那天再考虑这个问题。

5

突发事件

基本急救措施

狗天生好奇，它们不会像人类那样了解危险。因为无法防止意外的发生，所以宠物主人要准备好急救用品，在自己的狗或别人的狗受伤时，可以进行紧急护理。

帮助伤犬

狗受伤后通常需要由宠物医生进行检查。如果宠物主人知道急救的基本原则，就能在医生到来之前先做处理，或者自己将狗送到宠物医院。

在照顾伤犬时，宠物主人应先给它戴上嘴套。因为如果它感到痛苦和害怕，可能会突然咬人。除非很有必要或能确定移动它不会造成进一步伤害，否则不要移动它。在出血的情况下，可尝试直接按压伤口阻断流血，如果可行，应小心地将受伤部位抬高到心脏水平线以上（详见第154~155页）。

记住，世界上有些地方的狗可能患有狂犬病。如果恰好去了这种地方，并在当地看到一只需要帮助的狗，应与它保持安全距离，并联系动物疫病预防控制机构。

在家里，最好做到宠物医院的电话号码触手可及：如记录在固定电话旁、存在手机里或者贴在冰箱上。确保在手术前后有需求时能及时联系到宠物医生。

复苏体位

如果狗受伤后失去知觉，应让它处于复苏体位。要做到这一点，先取下它的项圈，让它呈右侧卧，并保持头、颈和身体在一条直线上。然后，从嘴巴一侧轻轻向前拉它的舌头直到向外伸出。接下来，触摸它的大腿内侧感受其心跳和脉搏。观察其胸部起伏并感受鼻孔处的呼吸。如果狗没有了呼吸或其心跳已经停止，应进行心肺复苏。

心肺复苏

如果遇到需要给狗做心肺复苏的情况，希望当时有人能帮助你。遇到这种情况，尽管很难，但保持冷静很重要。

在经历触电或溺水等事故后或癫痫发作后，有些狗会出现心跳停止或呼吸衰竭等问题。虽然到宠物医院给狗做心肺复苏是最好的选择，但是在现场一旦确定

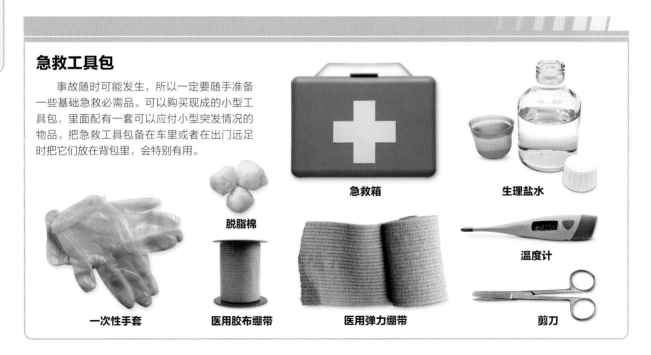

急救工具包

事故随时可能发生，所以一定要随手准备一些基础急救必需品。可以购买现成的小型工具包，里面配有一套可以应付小型突发情况的物品。把急救工具包备在车里或者在出门远足时把它们放在背包里，会特别有用。

脱脂棉

急救箱

生理盐水

一次性手套

医用胶布绷带

医用弹力绷带

温度计

剪刀

> "如果宠物主人知道**急救**的**基本原则**，就能在**宠物医生到来**之前**先做处理**。"

△ **由专业人员处理**
狗受伤后，最好到宠物医院接受处理。但如果宠物主人不能马上带它去医院，可以先做简单的急救处理。

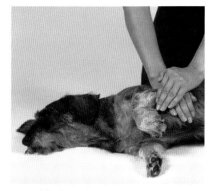

△ **心肺复苏**
如果狗的心跳已经停止，它能否恢复取决于在几分钟内开始做心肺复苏。按压心脏以保持血液正常循环是一项简单但可以救命的技术。

这只狗需要做心肺复苏，就要立即开始做，可能来不及把它送到医院。现场联系宠物医院寻求建议，或者最好是请求他人帮忙联系宠物医院，而自己则负责把狗摆放成复苏体位。在尝试心肺复苏之前，要掰开狗的嘴巴检查其呼吸道是否有阻塞物。

如果狗已经停止呼吸，应对它进行人工呼吸。双手交叠放在狗肩下胸廓上，每隔3~5秒用力向下按压一次，让胸廓在每次发力之前复位，直到狗恢复自主呼吸。

触摸脉搏（在大腿内侧）和心跳（在肘后单侧胸部）以检查狗的血液循环情况，如果心跳停止，开始按压心脏。按压手法因犬体型大小而异。

■ 小型犬——把一只手的五指放在它的肘后胸部，另一只手放在其背侧支撑它的脊柱，双手同时按压，每秒2次。

■ 中型犬——把一只手的掌根放在它的肘后胸部，另一只手放在这只手上面，以每分钟80~100次的频率向下按压胸部。

■ 大型犬或超重犬——如果可能的话，不要让它处于复苏体位，而是让它仰卧，头部略低于身体。把一只手放在它胸骨下端的胸部，另一只手放在这只手上面，以每分钟80~100次的频率朝着头部方向按压。

不管是上述哪一种情况，都是在按压15秒后检查脉搏。如果仍然没有心跳，继续按压心脏，直到能感觉到它的脉搏。如果身边还有其他人，那么另一个人可以同时给狗进行人工呼吸。

很难断定要持续心肺复苏多长时间。如果动作够快，那么狗的大脑就不会缺氧。除非在心跳停止后的3~4分钟开始心肺复苏，否则发生不可逆脑损伤的可能性就会增加。在理想情况下，宠物医生会将一根管子插入狗的上呼吸道，继续进行人工呼吸，并给狗服用有助于恢复心脏功能的药物。

创伤和烧伤

不要让伤口自行愈合——即使最小的伤口也会发生感染，特别是狗爱舔舐伤口。如果狗有严重的创伤或烧伤，应尽快寻求宠物医生的帮助。

轻伤

如果伤口是由其他狗或宠物造成的，应尽快带狗去看宠物医生，因为伤口很可能会发生感染。但如果伤口小且未受污染可以在家里治疗。用生理盐水（准备好的，或在半升温水中溶解一茶匙盐）轻轻冲洗伤口，清除任何污垢或碎片。小心地用剪刀剪掉伤口周围的毛发。

如果可以，使用敷料或绷带可以防止狗舔舐伤口：宠物主人会觉得舔舐有助于伤口愈合，实际上舔舐更有可能引起感染。可以使用家里合适的材料，用袜子或紧身衣临时遮盖狗肢体上的伤口，用 T 恤遮盖胸部或腹部的伤口。使用胶带而不是用安全别针固定绷带。注意绷带不要缠得太紧，保持干燥，定期更换并检查伤口。

如果闻到难闻的气味，或者有分泌物渗出绷带，要咨询宠物医生。

重伤

伤口较深或者创面很大需要紧急治疗。打电话给宠物医院，告诉他们狗受伤的情况和到达医院的大概时间。尽量先用临时绷

◁ **保护伤口**
绷带可以保护伤口，尤其是阻断狗的舔舐。然而如果狗不愿意捆扎绷带，可以给它戴上伊丽莎白项圈来保护伤口，以免伤口进一步恶化。

带给狗止血。

如果狗的伤口在四肢上，尽可能将伤口抬高到心脏以上高度，用棉签或其他填充物直接按压，并将填充物用绷带包扎绑定好。不建议使用止血带。如果有异物卡在狗的伤口里，要格外小心：注意避免将异物压得更深，也不要试图取出异物。

对于狗胸部的伤口，可以用经温生理盐水或凉开水浸泡过的棉签处理，并用绷带或 T 恤固定棉签。

每当狗摇头时，耳廓上的伤口就会喷血。用棉签处理伤口，并将耳廓和头部用绷带包扎在一起（详见第 114 页）。

术后护理取决于伤口的性质。根据宠物医生的建议，每 2~5 天更换一次绷带。所有绷带必须保持干燥，所以当狗外出大小便时，要用防水的材料覆盖在绷带上。

烧伤

与热、电或化学品接触会导致皮肤疼痛甚至严重的损伤。

由火或热物体如铁造成的烧伤或者被热液体烫伤，都可以用同样的方法处理。在不危及自身的情况下，将狗从受伤的地方移走，然后联系宠物医生寻求建议。烧伤或烫伤是非常严重的问题，对深层机体组织有潜在的损害。

> "由**其他狗或宠物**造成的**伤口**应该**由宠物医生处理，**因为可能**会发生感染。**"

用冷水浸没烧伤区域至少 10 分钟，然后覆盖一个湿润的无菌敷料或保鲜膜，以防止污染，并阻止狗舔舐烧伤区域。在带它去看宠物医生的时候，尽量让它保持温暖和安静。如果受伤影响的区域很广，宠物医生就会给狗止痛，并采取休克治疗。

狗因咬断电源线而导致口腔内电烧伤是很常见的。在处理之前，先将电源切断。急需宠物医生诊疗以减轻狗的疼痛。电击还可能会导致危险的并发症。

如果狗被化学品烧伤，宠物主人应小心点，不要被化学品腐蚀。确定和记录下涉及的化学品，然后联系宠物医生。如果合适的话，宠物医生会建议用清水冲洗该区域，但是必须小心，避免化学品进一步扩散。

如何用绷带包扎爪子

敷上无菌绷带。将柔软的绷带沿着腿前部向下包扎，越过爪子到腿后部继续向上，然后折回到爪子，继续向上回到腿前部起始位置。

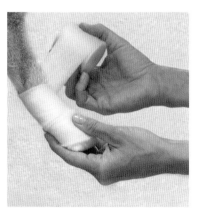

把绷带缠绕在腿上，向下缠绕到爪子，然后再绕回腿上。用有弹性的纱布绷带重复上述步骤。

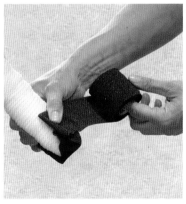

重复最后一层黏合层，固定在毛皮上，以确保不脱落。氧化锌胶带也可以用来固定绷带的顶部。

癫痫发作

狗大脑中的异常电活动会导致抽搐或癫痫发作。幼犬出现症状多是因为患有癫痫；而成犬癫痫发作的原因各不相同，有可能是脑肿瘤导致。

癫痫发作的表现

狗抽搐或癫痫发作会使宠物主人非常担心。此时，要尽可能清理狗周围的区域，避免它伤到自己，并联系宠物医生寻求建议。同时，应记录发作的时间和任何可能相关的细节，如当时电视是否开着，狗刚刚是否进食或散步。如果是未绝育母犬，要注意是否在发情期。

癫痫一般在狗打瞌睡的时候发作。发作前可能会有一些奇怪的表现，但也可能毫无征兆。癫痫发作常表现为颤抖和抽搐，或者侧卧时双腿像跑步一样划动（狗"做梦"时也会出现这样的动作，正常情况下呼唤和触摸它时会有反应）。狗还会有流涎、咬牙和排泄的表现。发作时间从几秒钟到几分钟不等。狗在发作或恢复期间可能具有攻击性。发作可能很快就会恢复正常，并伴随数小时的迷茫，认不出宠物主人。

狗在数小时或数日内可能会多次发作。发作间隙狗甚至可能会神志不清。这就是癫痫持续状态，非常紧急，需要立刻就医。

治疗癫痫

如果出现癫痫发作，宠物医生会对狗进行全面的神经系统和血液检查。如果结果显示一切正常，通常可以诊断为特发性癫痫（也就是病因不明），但不能排除脑肿瘤的可能性，需要进行进一步 MRI（核磁共振成像）检查。

如果是未绝育母犬癫痫发作，宠物医生会建议进行绝育。治疗癫痫的可选药物很多，但如果只发作一次，宠物医生并不会立刻进行药物治疗。这些药物会有嗜睡和增加体重的副作用，因此需要定期监测，以确保药物在血液中浓度正常，在控制癫痫发作的同时避免不良反应。随着病情发展，也会有增加剂量或添加其他药物的需要。如果发生癫痫持续状态，宠物医生会对狗进行全麻，直到狗不会再癫痫发作才会让它苏醒。

> **"癫痫发作**可能**很快就**会**恢复正常**，并伴随数小时的**迷茫，认不出宠物主人。"**

◁ **电视刺激**
电视屏幕上闪烁的灯光有时会导致狗癫痫发作，但其他诱因一般不是很明显。

遗传性癫痫
有几个品种犬会遗传癫痫，如比格犬。第一次发作通常发生在 6 个月到 3 岁之间的年轻犬只身上。

道路交通事故

应采取一切预防措施来保护狗免受交通事故的伤害，同时防止它危及其他行人。无论它受过多少训练，在道路上或者靠近道路行走时，都要佩戴牵引绳。

急救措施

如果狗在道路交通事故中受伤，应立即咨询宠物医院。如果事故发生在高速公路上，同时要联系警方。法律要求司机撞到狗必须停车，并向宠物主人提供自己的详细信息。如果宠物主人不在场，那么司机必须在 24 小时内将事故报告给警方。狗可能有开放性伤口、内伤、骨折等多种损伤。只有在不会造成进一步伤害的情况下，或有被其他车辆撞到的危险时，才可移动狗。同时注意自己的安全。两个人一起使用毯子作为担架是比较理想的转运方式。小心地将狗移动到担架上，同时要注意，狗可能会因为疼痛而突然咬人。如果是独自一人，而且受伤的狗不是大型犬，那么可以将它从路中间抱离。

如果可以带受伤的狗自行到宠物医院，应提前打电话告知自己正在路上。如果原地等待救援人员到达，应为狗做好保暖措

> "只有在**不会造成进一步伤害**的情况下，才可以**移动**狗。同时**注意**自己的**安全。**"

突发事件

▽ **等待救援**
受伤的狗可能会失去意识，也可能意识清醒，还会受惊应激，感到疼痛。救援到来之前给狗做好保暖工作。同时确保自己的安全。

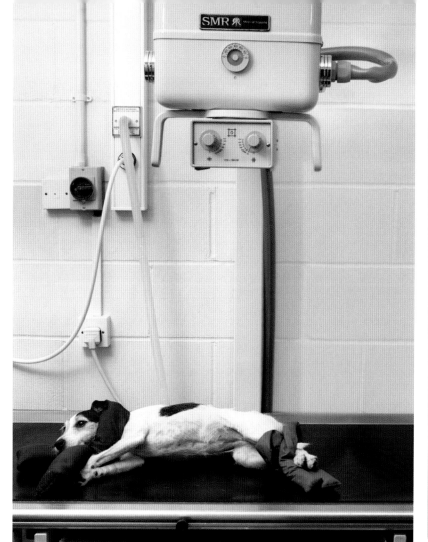

宠物医生可能会给受伤的狗做 X 光检查，以确认肝脏、肾脏和膀胱等内脏器官没有受到隐藏的损害。

风险最小化

- 沿着道路或车道一侧行走时，选择长度较短的牵引绳。
- 保持院门关闭并确保护栏安全可靠，避免狗逃脱。
- 训练狗的服从性，使其对"等"和"坐"的命令可以立即做出反应。

161

道路交通事故

施。如果可以的话，最好使用铝箔救生毯，保暖外套或套头衫等同样可以用来提高狗的生存机会。如果狗大量出血，要用衬垫按压止血。

宠物主人不在狗身边时，查看其是否有身份证明。狗的脖子上应该挂有名牌，上面有宠物主人的联系方式。如果没有，之后可以通过狗的品种、颜色、性别和大致年龄等信息识别其身份。如果在扫描时发现了微型芯片，只要宠物主人及时更新信息，就能轻松与其取得联系。

治疗

在治疗时，首要任务是缓解狗的疼痛，然后静脉输液治疗休克，并确定损伤的严重程度。最好能提前知道狗的已有疾病和用药情况，但前提是认识这只狗，并有其完整的就诊记录。

在进行治疗之前，宠物医生会进行血液检查以了解狗的整体健康状况，并查看是否有内伤。胸腹部的 X 光拍摄和超声波扫描，将有助于诊断内出血和器官损伤。对狗进行体格检查时如果怀疑有骨折，可以通过相应部位的 X 光拍摄来确定。

除大出血之类危及生命的问题需要立即手术外，其他需要全身麻醉的手术会等狗情况稳定后再进行。

窒息和中毒

狗天生喜欢咀嚼或吃任何看起来可以吃的东西，但这种习惯会让它们陷入严重的麻烦。如果狗因吃了某物而窒息或吞下了有毒物质，宠物主人应立刻采取行动。

窒息

狗会被各种各样的物体呛到，包括骨头、生皮咀嚼物、木头或儿童玩具。如果物体卡在了狗的牙齿之间或嵌入上颚，它就会疯狂地用爪子抓自己的嘴。如果物体阻塞了狗的呼吸道，它就会出现呼吸困难，有时也会大量流涎。

只有确认不会被狗咬或不会把阻塞物进一步推入喉咙时，宠物主人才可以尝试从它的嘴里取出物体。为防止狗把嘴闭上，可以在它的下颚上放一些东西，前提是这样做不会增加取出物体的难度。理想情况下，应使用有弹性的东西或一块衬垫以避免损坏狗的牙齿，永远不要使用嘴套。

如果无法从狗的嘴里取出物体，或者担心它的嘴巴已经受伤，先安抚它，然后直接带它去宠物医院就诊，并提前打电话告知这个紧急情况。

如果看到狗吞下了它本不应该吞下的东西，如一小件珠宝、一粒纽扣或一块石头，应联系宠物医院寻求建议。如果东西非常小，会直接随粪便排出而不会造成任何问题。如果东西比较大，可能会造成阻塞，需要取出，最好在它进入肠道之前使用内窥镜把它从胃里面取出来。

中毒

狗中毒最常见的原因是吃了不是为它准备的东西。如果担心自己的狗吃了禁止食用的东西，或者它持续呕吐或腹泻，应立即联系宠物医院寻求建议，因为尽早采取行动

▽ **危险的骨头**
如果骨头小到足以嵌入狗的上颚或卡在牙齿之间，或者如果骨头碎片被狗吞咽并卡在食道中，就会造成窒息。

▷ **藻类风险**
在淡水和盐水湖中发现的某些蓝藻会导致狗的致命性中毒。如果狗喜欢游泳，宠物主人应查明所在地区是否有任何受污染水源的记录。

▽ **翻垃圾桶**
狗的饮食行为不当包括翻垃圾桶。使用踏板操作或机械推开式垃圾桶，这种构造的垃圾桶可以阻止狗翻垃圾。

可以挽救它的生命。保留误食物品的包装以便向宠物医生展示。

家可能是一个非常危险的地方（详见第24~25页）。只要有机会，狗吃下去的东西往往令人意想不到。但凡一样东西有一丁点儿可食用性，应采取预防措施把它存放到狗无法够到的地方。这包括所有的兽用药和人用药。防冻剂（乙二醇）有甜味，但如果狗喝了它会导致肾衰竭。除草剂和蛞蝓诱饵，通常会撒在院子里。还有家用清洁剂（即使宠物主人已经把它们放在难以打开的橱柜中，也要记住，有时候狗会去喝

卫生间马桶里的水，而冲厕所使用的化学物质会在每次冲水时被释放到水中）。

在食品中，巧克力对狗的吸引力极大，但如果它的可可固体含量高，对于狗来说，这种巧克力就是有毒的。洋葱及其同属植物，包括韭菜、大蒜和葱，对于狗来说，也有毒。

一般而言，狗的体型越小，能导致中毒的毒素量就越少。然而，新鲜和干燥的葡萄（大葡萄干、小葡萄干和黑加仑）并非如此，它们被认为具有潜在毒性。有时候，小型犬吃一串葡萄也没

有问题，而大型犬只吃几颗葡萄就会中毒。葡萄干是蛋糕等许多食品的原料，对于狗来说，也是迄今为止毒性最大的食物，被狗食用后会导致严重的问题，如肾衰竭和胰腺炎。

老鼠药

应妥善存放和谨慎使用控制啮齿类动物的诱饵，确保狗找不到。常见的老鼠药会干扰维生素K的作用，而维生素K对机体正常凝血过程至关重要。误食老鼠药会导致内出血，但症状不会立即显现。如果宠物主人知道或怀疑狗吃了老鼠药或中毒的啮齿类动物，请联系宠物医院并直接带狗去就诊，同时带上所有相关物品的包装。

> **"家可能是一个非常危险的地方。应把任何可食用之物存放在狗无法够到的地方。"**

蜇伤和咬伤

狗天生好奇，习惯用鼻子探索，所以有毒动物或虫子的蜇伤和咬伤往往发生在它们的头部和腿部。找出问题的元凶就可以确保狗得到正确的治疗。

蛇

在世界各地各种自然环境中都有毒蛇。它们的毒性取决于其种类、注入的毒液量（相对于狗的体型）以及咬伤部位。

被蛇咬伤后病情会在 2 小时内迅速发展。咬伤造成的穿刺伤口通常是可见的，并伴有疼痛肿胀。狗被咬伤后会变得嗜睡，并表现出其他中毒症状，包括过热、心跳加快和气喘、可视黏膜苍白、流涎过多和呕吐。情况严重时，肝脏、肾脏和凝血系统也会受到影响，有时候狗会休克或昏迷。

不要试图帮狗吸出毒液或在伤口上绑止血带。因为抢救速度至关重要，应立即联系宠物医院并带狗去就诊。如果要使用特定的抗毒血清来治疗狗，宠物主人就需要确定是什么东西咬了它。如果不确定是何物种，可以为其拍张照，前提是这样做不会危及自己。

蜜蜂和黄蜂

无论狗待在室内还是室外，这两者都是常见的风险源。如果狗被蜇伤了，应迅速将它转移以避免再次被蜇，同时也要避免自己被蜇。仔细检查狗的毛发中是否有蜜蜂或黄蜂，并寻找蜇伤部位。蜜蜂会在伤口中留下它们的刺针，所以要在确保不挤压毒囊的前提下用镊子小心地把它拔出来。尽管黄蜂也会把刺针留在皮肤中，但是它仍会反复蜇刺。用碳酸氢钠溶液（针对蜜蜂蜇伤）或醋（针对黄蜂蜇伤）清洗浸泡伤口，然后涂抹抗组胺药膏。分散狗的注意力或遮盖伤口以防被狗舔舐。

如果狗感到疼痛或病情恶化，应带它去宠物医院。有些狗会患上荨麻疹或出现多个皮下肿块。如果狗的口腔内被蜇伤或出现严重的过敏反应，这种情况比较紧急，应立即就医。

蟾蜍

当蟾蜍感受到威胁时，它的皮肤腺就会释放毒液，如果狗舔了蟾蜍或用嘴把它叼起来，毒液就会进入狗的嘴里。狗对蟾毒的反应是流涎过多，有时它会口吐白沫，并变得非常焦虑。小心地用水冲洗狗的嘴巴，如果担心，应联系宠物医院寻求建议。蟾毒的毒性具有种间差异。如果狗接触了甘蔗蟾蜍（*Bufo marinus*）的毒液，情况就很严重。应冲洗它的嘴巴，并带它去宠物医院接受

过敏性休克

有时，狗在接触到它极度敏感的东西不久后会产生极端的反应，如蜂毒，特别是在它曾被多次蜇伤的情况下。这种严重的过敏反应被称为过敏性休克，可能会危及生命。过敏性休克的最初症状包括呕吐和兴奋，并迅速导致呼吸困难、虚脱、昏迷和死亡。想要让狗活下来，就要带它去宠物医院接受紧急治疗。

要避免的生物
偶遇会叮咬的东西且被其叮咬会让狗感到痛苦和恐惧。

响尾蛇

蜜蜂

甘蔗蟾蜍

"如果狗被**蜇伤**并产生**过敏反应**，这就是**紧急情况**。"

灌木丛中的危险

毒蛇、叮人的虫子和其他危险生物会一直蛰伏在草丛中，直到被狗嗅探时惊扰。如果狗被叮咬了，宠物主人应立即赶到它身边照料它，并让它平静下来。

中暑和体温过低

对于狗来说，无论是过热还是暴露于寒冷环境中都是致命的。然而，只要宠物主人稍加小心并提前做好准备，这种危险是可以避免的。老年犬、患病犬，还有幼犬最容易受温度影响。

中暑

如果狗处于过热的环境中，它们不能像人类那样通过出汗来降温。发生这类情况，如在天气炎热的时候把狗关在车里或关在家里的阳光房中，再加上它没有水可以喝，狗很快就会中暑。中暑是很危险的，因为机体的体温调节机制出现了故障。宠物主人为追求时尚而给狗穿上时髦的衣服也是导致过热的原因之一，特别是回到温暖的室内忘记给它脱衣服的时候，更容易出现过热。

中暑需要急诊治疗，如果没有及时获得宠物医生救治，狗会在短短的20分钟内因过热而死亡。中暑的症状包括气喘和牙龈发红等，会迅速发展为虚脱、昏迷并最终死亡。发生中暑，首先要把狗从炎热的地方转移到凉爽的地方，或者脱掉其身上多余的"衣服"。如果无法立刻带狗去宠物医院，那么就用湿布或湿毛巾先盖住它，并且在它被送往医院的过程中继续盖在它身上。其他急救方法还有，给狗泡冷水澡或者在院子里接一根水管持续往它身上浇冷水。也可以用冰袋和风扇来帮助它降温。

只要不把狗留在车内，即可轻松避免中暑。即使已经把车停在阴凉处并且开着车窗，也还是不能完全避免中暑。如果车里有几只狗，或者狗刚运动完已经很热且在气喘，这种情况更加危险。

体温过低

与中暑相反的是体温过低，即身体的中心温度降至低危水平。这是另一种可以很容易避免的紧急情况。在天气寒冷的时候，如果狗被关在室外通风的狗屋里，或者被留在没开暖气的房间里或车里，它就会体温过低。狗在冬天跳入池塘或湖泊也会导致体温过低。幼犬和老年犬是最脆弱的。

有些体温过低的狗会颤抖或行动僵硬并表现出嗜睡。在带它去宠物医院之前，宠物主人需要让它逐渐暖和起来以摆脱寒冷，并用毯子盖住它。对于体温过低的狗，宠物医生会先预热灭菌补液，然后直接给它进行静脉输液，以帮助其恢复机体中心体温，同时会对它进行其他治疗以预防休克。

"**中暑**需要**急诊**：如果没有获得**紧急处理**，一只狗会在**20分钟内死亡**。"

◁ 住在外面

虽然狗屋可以保护狗免受风吹雨打，但其内部温度是冬冷夏热，需要宠物主人准备安全的取暖、制冷设备以改善条件确保冬暖夏凉。

过热危险
即使室外温度适中，并降下了车窗，
小汽车很快也会变得像烤箱一样热。
在这种情况下，把狗关在车里，它会
有中暑的危险。

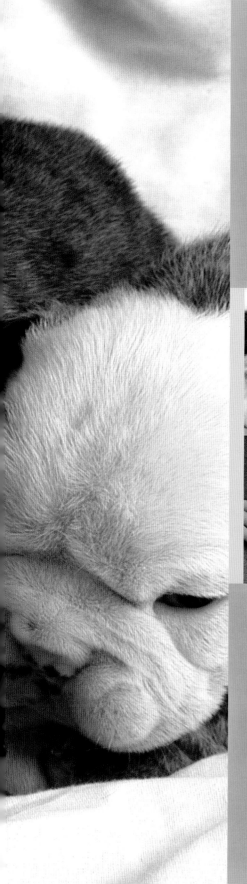

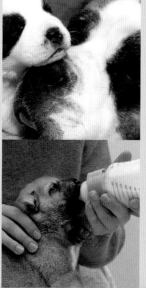

6

繁育

为繁育负责

不要轻率地决定是否让自己的狗繁育。因为这不仅是一个花钱且耗时的过程，而且会导致流浪狗数量剧增。

考虑繁育的目的

在决定让自己的狗繁育之前，应花点时间认真思考想要一窝小狗的原因，这非常重要。永远不要为了赚钱而繁育（尤其是一旦支付了配种费、设备费、食物和宠物医疗费用，就没什么钱可赚了）。一想到可爱的幼犬在家里玩耍的情景，很容易让人失去理智。但现实是，养一窝幼崽是非常辛苦的。在成长期间，它们需要获得日常的照顾和关注。宠物主人会因为狗的气质非常可爱或外表非常好看，以至于觉得自己有责任培育出具有相似品质的幼犬。遗憾的是，由于特征的遗传方式问题，这件事没那么简单，而且无法保证下一代与上一代非常相似。

如果是因为想要再养一只狗而考虑繁育，可以考虑一下救助中心和收容所里的成千上万只狗。收养一只成犬有很多好处（详见第 18~19 页）。通常它们已经接受过家庭训练、有过社交经历，并且所有个性特征或行为问题都已经很明显。这样就可以更轻松地选择一只适合自己气质和生活方式的狗。

如果一心想养一只幼犬，最好找一个信誉良好的专业繁育者。因为他们有多年的繁育经验，可以让人放心。

至此，如果仍打算让自己的狗

> "在让自己的狗**繁育之前**，应**花点时间认真思考**——永远**不要为了赚钱而繁育。**"

非纯种怀孕

如果不打算让母犬繁育，最好给它绝育。然而，偶尔也会发生意外交配。发生这种情况，应立即与宠物医生讨论自己的选择，因为停止妊娠对母犬的健康来说可能是明智之举。宠物主人可能不认识另一只狗或者它不是纯种犬，在这种情况下，应该与宠物医生讨论幼犬出生后为它们寻找新家的最佳方案。

◁ **对待新生命**
幼犬对于任何家庭来说都是可爱的调味剂，但它们需要宠物主人投入大量的时间和精力。经过最初几周后，幼犬的性格会稳定下来，因此，需要给予它们全天候的照顾和关注。

△ **纯种配对**

在为狗选择完美的繁育伴侣时，要先确认两只狗的血统；这有助于确定它们的亲缘关系有多密切，以防止近亲繁殖。

▷ **交配信号**

在发情周期，母犬会释放出强烈的气味来表达她的交配欲望。如果家里的母犬发情了，并且她还没有绝育，此时，如果还允许她在外面游荡，她可能会怀孕。

繁育，可以先自问以下几个问题。

■ 是否能为所有幼犬找到新家？

■ 是否有充足的知识储备来为那些计划养狗的人提供建议？因为有一部分人可能以前从未养过狗。

■ 幼犬出生后，是否可以花几周时间在家照顾它们？

■ 家里是否有足够大的空间？不但能容纳一窝刚出生的幼犬，当它们长到6周大的时候还能继续容纳它们。

如果已经做了充分考虑，并且仍然决定让自己的狗繁育，那就有必要做大量研究并仔细计划一切。

完美的伴侣

很难决定自己的狗与哪只狗进行交配。一定要咨询犬品种专家，讨论可能的遗传性疾病，如髋关节发育不良、失明和耳聋（详见第104~105页）。宠物主人还可以带狗去做筛查测试，以发现任何潜在疾病并消除其发生的可能。分析自己的狗有哪些弱点，并为它选择一位可以互补的伴侣。研究两只狗的血统以发现潜在的问题。要记住，即使获得了最佳的筛查结果，也不能保证幼犬不会患上慢性病。

在选择种犬时，一定要和它见一面，以确认它具备优异的气质。发情周期因品种而异，确定自己的母犬何时进入发情周期，并联系种犬主人以安排两只狗见面的时间和地点。监控它们的交配过程，但最好不要过分干涉。时间会证实母犬是否怀孕，宠物主人只需要留意妊娠的迹象即可（详见第172~173页）。

妊娠和产前护理

母犬将在怀孕第63天左右分娩，确切的生产日期取决于实际受精的时间，因此，要提前做好准备。在此期间，需要额外关注母犬的状况。

妊娠初期表现

母犬配种后应尽早告知宠物医生，他们能在妊娠期间提供宝贵的建议。只有宠物医生才能在初期准确诊断母犬是否怀孕。如果不做诊断，也能在妊娠5周左右看到迹象。母犬妊娠的表现包括乳头变大且颜色变暗，阴道出现少量的分泌物以及腹围变大。如果它此前刚繁育过一窝幼崽，那么乳房可能会到妊娠最后一周才发生变化。如果母犬只怀有一到两只幼崽，或者体型偏胖，那么可能很难注意到它已经怀孕。一些母犬会毫无征兆地突然分娩，从外观上可以看到它的体型一夜之间突然发生了改变。

其他需要注意的变化是呕吐和排尿增加。母犬的皮毛变化也很常见，许多母犬的毛发在孕期看起来特别有光泽。母犬也可能表现出不寻常的行为，如挖掘或

> ## "只有宠物医生才能在初期准确诊断母犬是否怀孕。"

△ **挖掘行为**
妊娠期母犬通常会因为本能而变得渴望挖掘，这种冲动可能会随着它们接近妊娠后期而愈加强烈。

抓挠。这些都是正常的，因为它正在准备生产的窝，不要因此而惩罚它。确保母犬有渠道可以发泄这种本能冲动，如家里的报纸或院子里的草地。

孕期护理

要采取额外的措施来给母犬驱虫，以确保它不会无意中将病原体传给幼崽。宠物医生会提供最佳治疗方案。在妊娠初期没有必要增加喂食量。从妊娠6周左右开始，则需要每周增加约10%的食物。此时也需要调整母犬的运动频率，避免运动量大的活动，应选择更短、更频繁的散步。特别是妊娠后期，母犬可能不愿意离家太远，不过仍然需要经常带它到外面去放松。

分娩准备

产房要在母犬分娩之前尽早

△ 营养需求

妊娠初期，只要食物优质营养全面，就不需要额外补充维生素，但需要逐渐增加喂食量。

准备，位置的选择至关重要。应将其设置在室内，让母犬感到舒适，也能让幼崽习惯日常的家庭噪声。但是，也要确保在幼崽出生后产房周围不会有很多人来回走动。应保持产房的温暖、干燥、安静且无风。应提前让母犬习惯产房，特别是当产房被设置在母犬平时不常去的地方时。

产房可以买成品，也可以自己制作。可咨询经验丰富的繁育者，确定适合自家母犬的最佳产房设计方案。也可向繁育者借用

产房，但需要格外小心以防交叉污染。产房应四周封闭，仅留一个开口让母犬出入。开口高度要适中，既要能防止幼崽爬到地上，又要能让妊娠后期的母犬轻松进出。产房底部必须铺有易于更换的报纸。可以用保温灯之类的加热器给幼崽保暖，但要将其固定得足够高，防止母犬意外烫伤。

▽ 产房

提前确保母犬在产房里感到放松，并让它习惯宠物主人进出产房。把它最喜欢的玩具或毯子放在产房里，增加产房对它的吸引力。

分娩

分娩给人一种很恐怖的感觉，但通常情况下不会有任何问题。做好准备是顺利分娩的关键，一旦有突发事件，宠物主人就知道发生了什么，也知道该如何应对。

分娩准备清单

- 手电筒，用于在母犬排泄时，密切关注它的情况。
- 干净的毛巾。
- 备用报纸和垃圾袋。
- 温度计。
- 用于记录温度变化的笔记本和笔。
- 消毒剂。
- 乳胶手套。
- 箱子里放置热水瓶，并用毛巾包裹水瓶。
- 手机和宠物医生的联系方式。

分娩迹象

当预产期临近，要时刻关注母犬的情况。每只狗的行为差异很大，但仍然会有一些明显的迹象意味着即将分娩。

开始分娩前大约 24 小时，母犬可能会变得焦躁不安，因为子宫准备排出幼崽会造成不适。在这个阶段母犬可能会拒食，不过不用担心，因为完成分娩后，食欲就会恢复。母犬可能会开始大口喘气，并抓挠和挖掘产房内的垫料。这种行为源于筑巢的本能，应铺设报纸供它抓挠。

在接下来的 24 小时内，分娩的最可靠迹象之一是体温下降约 1℃（34℉）。因此，应尽量养成良好的习惯，让母犬适应妊娠期每天测量体温。宫颈栓可以保护发育中的幼崽免受感染，在分娩开始前宫颈栓会脱落，母犬外阴会流出黏液。

"分娩开始，母犬会明显平静下来。"

△ **产前迹象**
在产房中铺设大量报纸，可以让母犬在分娩前撕扯。它可能会转着身子躺下。这种行为会持续长达 12 小时，直至分娩。

▷ **分娩**
幼崽出生后，母犬会除去胎膜，用牙齿割断脐带。只有当它似乎咬得太紧或拉得太用力时，才进行人为干预。

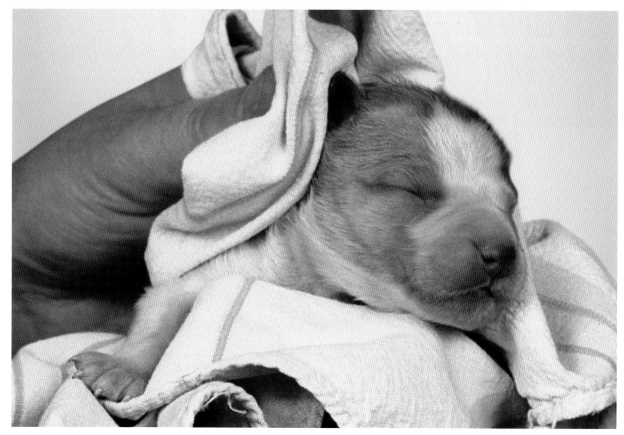

△ **处理新生幼犬**
仔细检查每只幼崽，用干净的毛巾擦干，然后立刻把幼崽还给母犬。

分娩的过程

分娩开始，母犬会明显平静下来。可以看到，在它努力将幼崽推出时，其腹部周围的肌肉发生收缩。一开始只能在外阴处看到包裹幼崽且充满液体的黑色胎膜。让母犬自由选择以站立或躺下的姿势分娩，但如果幼崽即将掉落或掉出产房，就要准备好接住它。如果幼崽的臀部或后脚先出来，也不用惊慌，这很常见。

通常母犬会本能地去除胎膜并舔舐幼崽，刺激呼吸。尽量让它自己完成这些事，只有当它完全无视幼崽时，才进行人为干预。然后，母犬会轻咬幼崽腹部，切断脐带，无需为此惊慌也不要阻止。幼崽娩出后，它的胎盘也会随之排出。胎盘是能量和营养的优质来源，且不会对健康造成危害，所以母犬可能会吃掉它。但需要清点母犬排出的胎盘数量，确保分娩结束后子宫内没有遗留任何胎盘。

幼崽娩出的间隔时长可能会有很大差异。在此期间，应鼓励已经出生的幼崽开始吸吮乳头，并敦促母犬带崽。注意不要让母犬在继续分娩时踩到已经娩出的幼崽。如果母犬变得烦躁，可将幼崽转移到另一个箱子里，把裹着毛巾的热水瓶放入箱子里保温，直到下一只幼崽出生。经过一段时间后，如果母犬变得放松且专心带崽，即意味着分娩过程结束。

产后护理

现在，可以把对分娩的担忧抛到脑后了，接下来要做的是确保母犬拥有哺育幼崽所需的一切，让幼崽可以有一个好的生命开端。

母犬护理

母犬的母性本能意味着宠物主人最初不需要对幼崽进行任何护理。事实上，母犬一开始会完全专注于幼崽，甚至会拒绝去排泄。它当然也不需要任何运动，只需要每天短暂出去放松几次。

让母犬完全释放它的母性。它会定期舔舐幼崽以刺激它们排泄，并吃掉排泄物。这个过程再加上吃掉分娩时排出的胎盘可能导致母犬腹泻，水分流失。所以，

它需要大量饮水。喂食量也需要增加，因为哺乳期需要大量的能量。母犬摄入的能量应相当于分娩时所消耗卡路里的两倍，宠物主人应少量多次喂食。由于母犬此时不愿离开幼崽，因此，建议在产房中喂食。

幼崽护理

除了检查健康和增重情况，不应干扰幼崽。幼崽出生时视觉和听觉还未发育完全，但有着良

好的嗅觉，在母犬引导下会自然而然地找到乳头。母犬第一次分泌的乳汁（称为初乳）对于幼崽的健康至关重要，宠物主人需要仔细观察，确认所有幼崽都能吸吮到乳汁。因此，要尽早给幼崽做好标记，无论是身体标记还是不同颜色的项圈标记。因为幼崽长得很快，所以需要定期调整项圈松紧。

关注所有幼崽成长过程中的问题，尤其是在出生 36 小时内。

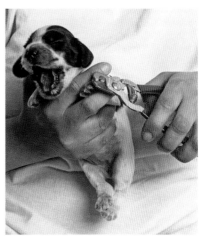

△ **修剪指甲**
出生数周内，就需要修剪幼崽的指甲，防止它们在吮吸时伤到母犬。

◁ **哺乳**
幼崽能从初乳中获得必要的抗体，保护它们免受疾病侵害。母乳喂养一直要持续到 8 周龄。

▷ **保持幼崽清洁**
舔舐对幼崽的健康来说非常重要。它能清洁和刺激幼崽，同时有助于母犬与幼崽建立亲子关系。

健康幼崽的身体温暖而干燥，触摸皮肤有弹性。如果幼崽出生后变得越来越弱，则是幼犬衰竭综合征的表现，这种疾病往往会导致其死亡。出现这种情况，建议联系宠物医生对它进行安乐死以避免其长期受苦。健康的幼崽会不断移动和抽动，如果看到完全静止不动或一直发出不正常声音的幼崽，应立即咨询宠物医生。

人工喂养小贴士

■ 人工喂养幼崽只能作为最后的手段。

■ 从宠物店或宠物医院购买特殊的宠物奶瓶或早产婴儿奶瓶。

■ 在进食之前，刺激幼崽排泄。

■ 选择高蛋白、高脂肪的配方奶粉。如果不确定选用哪个品牌请咨询宠物医生。

■ 所有人工喂养设备在每次使用前应消毒。

新生幼犬护理

幼崽几周大的时候，它们会整天围着宠物主人，照顾它们会成为一项全天候的工作。这是幼犬生命中最重要的时期，有很多事情需要操心。

最初几周

幼崽很快就会开始长牙，这时可以给它们补充一些固体食物和丰富的咀嚼玩具，以帮助其牙齿生长。要循序渐进地引入固体食物，以便幼崽的胃肠道适应它。

购买适合幼犬的全价商品犬粮，其特点是能量高且营养均衡（详见第 42 页）。随着幼犬的成长，需要母犬提供的营养开始减少，母犬会逐渐从喂养幼崽这件事中抽身出来。这也会加快断奶过程，使幼犬习惯远离母亲。断奶前，母犬会清洁幼犬；断奶后，幼犬会相对有些脏乱。可以用温暖的湿布帮助幼犬清洁面部和皮毛。

新生儿发育

所有幼崽在生命的前两个月发育很快。无论它们的体型或品种如何，幼犬在发育过程中所经历的阶段，大致相同，时间也相似。

◁ **1 周**
虽然刚出生时幼崽看不到也听不到，但它有着敏锐的嗅觉，可以轻松地找到母亲的乳头，以获取食物、温暖，与其他幼崽依偎在一起会感到舒适。在第 1 周，它们无法调节体温，大部分时间都在睡觉和吮吸乳汁。

△ **2 周**
幼崽 2 周大的时候，它的眼睛开始睁开，但无法正确聚焦。它变得更加活跃，但仍无法行走，仍会花很长时间睡觉。

△ **3 周**
到 3 周时，幼崽的视听已无问题。它的力量也在迅速增强，并开始用腿来支撑体重。这时甚至已经开始长牙了。

△ **4 周**
在这个阶段，幼崽开始与它的兄弟姐妹一起玩耍，这进一步增加了肌肉力量。在玩耍中，它变得更加习惯发声和咆哮。甚至能偶尔听到吠叫。

△ **6 周**
尽管仍然需要充足的睡眠，但 6 周大的幼崽已经长出了所有的乳牙，并且已经开始吃固体食物。它热衷于通过探索、嗅闻和咀嚼来了解自己周围的环境。

△ **8 周**
幼犬已经断奶，并具备了必要的社交技能，准备离开母犬和同窝的其他幼犬，作为人类家庭成员开始新生活。作为一个负责任的繁育者，需要确保帮每只幼犬都找到一个合适的、充满爱心的家，这个家庭要做好充分准备来满足它的所有需求。

◁ **社会化**
基本训练是与幼犬互动的一种方式，有趣而简单，幼犬的反应能力和服从性非常强。在介绍孩子时，请他们坐下来为幼犬提供小而美味的零食。这将有助于幼犬感到舒适并自信地接近人们。

▽ **家庭训练**
让幼犬习惯在报纸上排泄。虽然意外仍会发生，但这将使它的新主人更容易训练其排泄习惯。

早期训练

随着幼崽睁开眼睛和张开耳朵，它们会变得更加好动和好奇。在此阶段，重要的是要让它们尽可能多地参与到家庭活动中，并帮助它们与各个年龄段的人接触。大多数幼犬都会进入家庭环境，因此，在这几周的时间里，让它们习惯于家庭中每天来往的各种景象和噪声是十分必要的。

最终留在收容所里的绝大多数狗都是没有准备好去往新家的狗。幼犬新主人的问题通常被过度关注，但是当他们从繁育者那里领养幼犬时，已经错过了早期训练和社会化的最佳时机。幼犬在繁育者家中是否被教过一些简单的规则，可能是有自信和适应

"每天花几分钟时间与同窝**每只幼犬**相处，这样能够**训练**它们并利于它们**社会化。"**

力强的幼犬与有行为问题的幼犬之间的区别。

在幼犬去新家之前，完全可以训练幼犬，让它们只能在报纸上排泄。这样新主人将幼犬带回家后，就可以轻松完成家庭训练。此外，每天花几分钟与幼犬相处，可以训练它们听从指令做一些基本动作，如坐和躺下。

但是，训练的最重要因素是通过一系列日常经历，如家庭噪声、儿童玩耍、抚摸及梳来社会化所有幼犬。作为宠物主人，这一责任将落在自己身上，在它

们只有几周大的时候，只需要给予极少的安抚，幼犬就会乐于接受新的体验。

在大约 10 周大的时候，幼犬变得不那么好奇，对任何新的经历都变得更加警惕。这种恐惧是一种本能的自我保护，因为它们离熟悉的环境越远越容易遇到危险，这也使新宠物主人的喂养工作变得困难。如果一只幼犬与繁育者有良好的早期交往，它将突破这一谨慎的阶段，成长为一只自信的幼犬。

寻找新家

作为繁育者，已经投入了很多时间来计划繁育幼犬和喂养它们，虽然对它们非常不舍，但仍要尽责地给它们找一个合适的新家。

广告

繁育者可能想在当地进行广告宣传销售幼犬，这需要联系品种协会和养犬俱乐部来投放广告。准确的广告投放有助于找到合适的顾客。例如，最好在宠物医院投放广告，而不是在当地报社。同样，不要选择免费的广告或在网页上投放广告，因为这些途径可能不适当，可能与宣传主体或网页内容不匹配。永远记住，自己和幼犬的安全是最重要的，所以在邀请陌生人来家里选购幼犬时要小心。

鼓励幼犬未来的主人经常来，尽可能多地向他们提供信息，让他们做好迎接幼犬到家的准备。还应该告知他们相关的遗传性疾病以及一般护理和训练。向新主人介绍品种协会并推荐他们加入，这样他们在养犬期间都能获得良好的线上支持。最后，请明确表示如果他们不能继续照顾幼犬，可以选择将幼犬送回。在最初几周对幼犬新主人的帮助可以使双方保持长久的联系，以便繁育者知道幼犬的最新情况。

> ## 可以向潜在主人提出如下问题。
>
> - 为什么想要一只狗？
> - 住在哪里？
> - 以前养过狗吗？有养这个品种的经验吗？
> - 可以在家里花多少时间陪伴狗？
> - 不在的时候谁来照顾狗？
> - 生活方式是否积极？
> - 是否有其他宠物？
> - 家里是否有婴儿、儿童或老人？

> " 在最初的几周里，犬繁育者对**新主人**的**帮助**可以**建立长久的友谊。**"

评估新主人

花时间了解每只幼犬的未来主人，这样就可以提前准备，让幼犬适应新家的生活方式。如果幼犬要去一个有小孩的家庭，让它习惯小孩是至关重要的。如果自己没有年幼的孩子，可能需要让朋友或邻居的孩子来帮忙。

▷ **与潜在的幼犬主人见面**
潜在的主人与幼犬见面时互动的方式能透露出很多信息。如果认为他们不能给幼犬提供合适的家，不要因为害怕拒绝而将幼犬出售给他们。

长久的友谊
介绍儿童和幼犬认识时要格外小心。
不仅要训练幼犬与儿童互动时行为得
当，也要确保儿童知道如何正确地与
幼犬互动。

术语

麻醉剂
用来避免狗在手术中感到疼痛的药物。全身麻醉剂通常使用吸入和注射的方式，使狗暂时失去知觉。局部麻醉剂则使身体的局部麻木。

止吐剂
用于治疗呕吐的药物。

抗组胺药
用于缓解过敏症状的药物，如瘙痒或打喷嚏。

品种
在外貌和行为上有着共同特点的犬种群，且这些特点具有遗传稳定性。

皮质类固醇
用于减轻炎症、关节疼痛或过敏症状（如瘙痒）的药物。

混血狗
父母来自不同品种。区别于"随机交配"的狗（也称杂交犬），其父母不是特定的品种。

双层毛
有的犬毛发有两层：一层是浓密温暖的绒毛，另一层是较长的适应气候变化的被毛。

ECG（心电图）
全称"electrocardiogram（心电图）"，是一种使用仪器记录心脏电活动的诊断方式，用于检测心律异常等问题。

伊丽莎白项圈
伊丽莎白项圈是大的锥形塑料项圈，朝前套在狗的脖子和头上。专门用来阻止狗舔舐、啃咬身体上的伤口，保护受伤区域或手术部位。

内窥镜
内窥镜是一种观察仪器，包括一根硬质或弹性的管子，前端配备照明和摄像头，用来观察身体内部通道，如食道。

习惯化
使狗逐渐适应刺激（应激或兴奋的来源，如嘈杂的家用电器）的过程，方法是逐渐使狗接触刺激源，直到它不再对刺激源做出反应。

手势指令
用于向狗发出特定指令的独特手势。

手动拔毛
一种梳理技术，用手或拔毛刀从狗的皮毛中拔掉死毛，用于毛发坚韧、不掉毛的品种。

跟随训练
训练狗跟随，无论是否佩戴牵引绳。

家庭培训
训练狗不仅在家中感到放松，在室外也同样感到放松。

低敏饮食
低敏饮食是指控制特定过敏性食物的限制性饮食。一些宠物食品生产企业会为狗生产特殊的低敏食品。

MRI（核磁共振成像）
全称"Magnetic Resonance Imaging（核磁共振成像）"，是一种医学扫描技术，利用磁场和无线电波生成身体内部组织的图像。

嘴套
嘴套是由布料、皮革或塑料制成的，用来防止狗咬人。它套在狗的鼻子和嘴巴上，固定在狗头部后面。

绝育
切除狗的生殖器官，使其不能继续繁殖。公犬绝育即为阉割（切除睾丸），母犬则是切除子宫和卵巢。未绝育即为性完整。

血统
品种犬会有记录直系血亲信息的血统证书。纯种犬有时也被称为"纯血统"犬。

积极训练方式
狗做出预期行为时奖励，做出非预期行为时则忽略的方式，即为积极训练方式。

产后
意思是"出生后"，如母犬及幼犬的产后护理。

产前
意思是"出生前"，如怀孕母犬的产前护理。

乳牙
狗的"乳牙"，就像人类婴儿的乳牙。幼犬的乳牙在4—6月龄掉落，然后长出恒牙。

生皮
动物毛皮（如牛皮、水牛皮或马皮）的坚硬内层，用于制作耐嚼玩具和零食。

奖励
狗做了正确的事情时，给予它食物奖励或积极的关注（如声音上的表扬或抚摸）。

选择性育种
选择性育种是指为了获得想要的特性，去除不想要的或不健康的特性，将特定品种的特定个体进行交配。

针梳
针梳是指头部宽平，附有细的金属刷毛的刷子，用于去除掉落和杂乱的毛发。

社会化
训练幼犬适应陌生人和其他动物的过程。

被毛
双层毛的外层，由长而坚韧、适应气候变化的毛发组成。

绒毛
双层毛的内层，由柔软、温暖、浓密的毛发组成。

接种疫苗
也称为免疫，是防止狗感染特定细菌或病毒的技术。即将疫苗（含有灭活细菌或病毒、弱毒细菌或病毒的物质）注射到狗体内，促使免疫系统攻击疫苗中的微生物，然后"学会"在未来攻击实际的疾病微生物。

声音指令
训练狗做特定动作时发出的指示或声音。

断奶
幼犬从喝母乳过渡到吃固体食物的过程。一般发生在3~6周龄。

产仔
意指狗分娩。

相关联系方式

英国

购买或领养狗的渠道

购买或领养狗（包括成犬和幼犬）的渠道包括犬舍和声誉良好的救援组织。让那里的工作人员对每一只狗进行评估，进而选择适合自己脾性和生活方式的狗。
以下是购买或领养时可以联系的组织。

猫狗之家
Battersea Dogs and Cats Home
www.battersea.org.uk
邮箱地址：info@battersea.org.uk
电话：020 7622 3626
地址：4 Battersea Park Road, London, SW8 4AA

犬信托基金会
Dogs Trust
www.dogstrust.org.uk
电话：020 7837 0006
地址：17 Wakley Street, London, EC1V 7RQ

蓝十字会
Blue Cross
www.bluecross.org.uk
电话：0300 777 1897
地址：Shilton Road, Burford, Oxon, OX18 4PF

英国皇家防止虐待动物协会
Royal Society for the Prevention of Cruelty to Animals
www.rspca.org.uk
电话：0300 1234 555
地址：RSPCA Enquiries Service, Wilberforce Way, Southwater, Horsham, West Sussex RH13 9RS

养犬俱乐部
The Kennel Club
www.thekennelclub.org.uk
电话：0844 463 3980
地址：1-5 Clarges Street, Piccadilly, London, W1J 8AB

犬训练基地
Dog and Puppy Training
犬训练课程或个体辅导，可以帮助宠物主人更快进步，解决个人困难。要选择使用积极训练方式且知识经验丰富的训犬师。关于当地训犬师的其他优质信息来源包括当地宠物医生、犬只管理员、美容师和宠物店。
以下是在寻找训犬师时可以联系的组织。

宠物狗训练师协会
Association of Pet Dog Trainers
（全国宠物狗训练师名单）

www.apdt.co.uk
邮箱地址：info@apdt.co.uk
电话：01285 810811
地址：PO Box 17, Kempsford, GL7 4WZ

幼犬学校
Puppy School
（英国幼犬训练师网）
www.puppyschool.co.uk
邮箱地址：info@puppyschool.co.uk
地址：PO Box 186, Chipping Norton, OX7 3XG

行为问题

如果狗有行为问题，在习惯养成之前最好尽快获得帮助并进行纠正。寻找知识经验丰富的行为专家。可通过宠物医生转诊、担保。也可以联系宠物行为顾问协会，或者让宠物医生介绍可信任的人。

宠物行为顾问协会
Association of Pet Behaviour Counsellors
www.apbc.org.uk
邮箱地址：info@apbc.org.uk
电话：01386 751151
地址：PO Box 46, Worcester, WR8 9YS

美国

购买或领养狗的渠道

购买或领养狗的渠道包括犬舍和声誉良好的救援组织。让那里的工作人员对每一只狗进行评估，进而选择适合自己脾性和生活方式的狗。
以下是购买或领养时可以联系的组织。

美国爱护动物协会（ASPCA）
American Society for the Prevention of Cruelty to Animals (ASPCA)
www.aspca.org
电话：212-876-7700
地址：424 E. 92nd St, New York, NY 10128-6804

美国人道协会
The Humane Society of the United States
www.hsus.org
电话：202-452-1100
地址：2100 L St, NW Washington, DC 20037

如需咨询繁育者相关信息，可以参考以下联系方式。

美国养犬俱乐部
American Kennel Club
www.akc.org
电话：919-233-9767
地址：8051 Arco Corporate Drive, Suite 100, Raleigh, NC 27617-3390

犬训练基地

犬训练课程或个体辅导，可以帮助宠物主人更快进步，解决个人困难。要选择使用积极训练方式且知识经验丰富的训犬师。训犬师的其他优质信息来源包括当地宠物医生、犬只管理员、美容师和宠物店。
以下是在寻找训犬师时可以联系的组织。

宠物狗训练师协会
Association of Pet Dog Trainers
www.apdt.com
邮箱地址：information@apdt.com
电话：1-800-738-3647
地址：104 South Calhoun Street Greenville, SC 29601

国家犬服从性训练机构
National Association of Dog

Obedience Instructors
www.nadoi.org
电话：505-850-5957
地址：PO Box 1439, Socorro, NM 87801

行为问题

如果狗有行为问题，最好在习惯养成之前尽快获得帮助并进行纠正。寻找知识经验丰富的行为专家。可通过宠物医生转诊、担保。也可以联系以下组织，或者让宠物医生介绍可信任的人。

国际动物行为咨询协会
The International Association of Animal Behavior Consultants
www.iaabc.org
电话：484-843-1091
地址：565 Callery Road, Cranberry Township, PA 16066

动物行为学会
Animal Behavior Society
http://www.animalbehavior.org/

索引

斑狼疮

索引

致谢

Dorling Kindersley 感谢以下人员：

感谢 Alice Bowden 帮忙校对，感谢 Helen Peters 编写索引部分；感谢 Supriya Mahajan, Swati Katyal, Gazal Roongta, 以 及 Vidit Vashisht 协助完成设计工作，Nandini Gupta 和 Pallavi Singh 协助完成编辑工作；感谢科尔切斯特 Colne Valley 宠物医院的 Ben Bennett 和 John MacBrayne，以及以下允许对其爱犬进行拍摄的人（括号内是狗的名字）：Tina Brewers (Rio 和 Raffie), Rachel 和 Lilah Dixey (Dudley), Clare Hogston (Dottie), Alison 和 Anna Logan (Pippin 和 Smudge), John 和 Maureen Logan (Pippa), Angela Morgan (Ellie), Sandra Sibbons (Harry), 以及 Kate Went；感谢来自韦布里奇高档宠物店的 Candice 和 Polly 提供美容摄影，Tadley 宠物用品供货商提供狗玩具和设备租借。

图片出处说明

感谢以下人士同意转载他们的照片：l= 左侧，r= 右侧，t= 顶部，c= 中间，a= 上方，b= 下方，分别指代照片所在位置。

1 Getty Images: Hans Surfer / Flickr (c). **2-3 Alamy Images:** Juniors Bildarchiv GmbH. **4 Alamy Images:** Juniors Bildarchiv GmbH (bl). **Getty Images:** Daniel Grill (bc/Bulldog Puppy). **5 Dreamstime.com:** Alan Dyck (bc/Bulldog Puppies); Melinda Nagy (bl). **6 Getty Images:** Tetra Images (ca). **7 Getty Images:** Fry Design Ltd / Photographer's Choice (cra). **8 Fotolia:** pattie (cla). **9 FLPA:** Gerard Lacz (ca). **Getty Images:** Don Mason / Blend Images (cra). **10-11 Alamy Images:** Juniors Bildarchiv GmbH (l). **13 Dreamstime.com:** Michael Pettigrew (tc). **14 Getty Images:** Datacraft (cl). **16-17 Corbis:** Yoshihisa Fujita / MottoPet / amanaimages. **26 Dreamstime.com:** Hdconnelly (crb). **35 Fotolia:** Comugnero Silvana (cla). **Getty Images:** PM Images / The Image Bank (tr). **36-37 Getty Images:** Daniel Grill (l). **37 Dreamstime.com:** Olena Adamenko (cb). **41 Alamy Images:** Juniors Bildarchiv GmbH. **42 Corbis:** Dale Spartas (cl). **Dreamstime.com:** Clearviewstock (br). **43 Dreamstime. com:** Ccat82 (cra). **Getty Images:** MIXA Co. Ltd. (tl). **44 Corbis:** Don Mason / Blend Images (clb). **46 Getty Images:** Tim Platt / Iconica (bl). **48-49 Alamy Images:** Juniors Bildarchiv GmbH. **50 Getty Images:** Tetra Images (ca). **51 Alamy Images:** Arco Images GmbH (cla). **Fotolia:** ctvvelve (ca). **54-55 Dreamstime.com:** Sixninepixels. **65 Alamy Images:** Juniors Bildarchiv GmbH (ca). **78 Alamy Images:** De Meester Johan / Arterra Picture Library (bl). **80 Getty Images:** Fry Design Ltd / Photographer's Choice (bl). **85 Corbis:** Konrad Wothe / Minden Pictures (br). **FLPA:** Erica Olsen (tl). **86-87 Getty Images:** Fotosearch. **88 Getty Images:** Jupiterimages / Brand X Pictures (bl); NBC / NBCUniversal (crb). **90 Corbis:** Stefan Wackerhagen / imagebroker (br). **Dreamstime.com:** Sally Wallis (clb). **91 Corbis:** Dale Spartas. **93 Corbis:** Alice Van Kempen / Foto Natura / Minden Pictures (ca). **102 Getty Images:** Anthony Brawley Photography / Flickr (cla). **105 Corbis:** Cheryl Ertelt / Visuals Unlimited (tl). **Getty Images:** Hans Surfer / Flicker (cra). **107 Dreamstime.com:** Roughcollie (br). **Getty Images:** Photo by Jules Clark / Moment (tl). **108-109 Alamy Images:** Juniors Bildarchiv GmbH. **110 Fotolia:** pattie (cb). **111 Alamy Images:** FLPA. **117 Alamy Images:** SuperStock (tr). **Dorling Kindersley:** Kim Bryan (tl). **118 Getty Images:** Christopher Furlong / Getty Images News (cra). **119 Dreamstime.com:** Dmitry Kalinovsky (bl). **123 Corbis:** Mark Raycroft / Minden Pictures (tr). **126 Alamy Images:** Juniors Bildarchiv GmbH (bl). **127 Getty Images:** Angela Wyant / Taxi (t). **128 Corbis:** Dale Spartas (br). **129 Corbis:** Alice Van Kempen / Foto Natura / Minden Pictures (t). **130 Corbis:** Yannick Tylle (bl). **131 Dreamstime.com:** Kitsen (tr); Liumangtiger (cla). **133 Fotolia:** Dogs (tr). **134 Alamy Images:** De Meester Johan / Arterra Picture Library (bl). **135 Alamy Images:** Realimage (t). **Science Photo Library:** Manfred Kage (clb). **136 Alamy Images:** Nigel Cattlin (bc). **137 Dreamstime.com:** Alice Herden. **138 Corbis:** Akira Uchiyama / Amanaimages (b). **139 Alamy Images:** Petra Wegner (tr). **Getty Images:** Lisa Vaughan / Flickr (tl). **140 Alamy Images:** Juniors Bildarchiv GmbH (b). **141 Dreamstime.com:** Karin Hildebrand Lau / Karimala (tl); Valeriy Novikov (cra). **142 Getty Images:** Jeff J Mitchell / Getty Images News (br). **143 Alamy Images:** John Eccles (cr). **144-145 Corbis:** Dann Tardif / LWA. **150-151 Dreamstime.com:** Melinda Nagy (l). **152 Dreamstime.com:** Printmore (crb); Taviphoto (bl). **153 Fotolia:** Alexander Raths (tl). **154 Dreamstime.com:** Jolita Marcinkene (l). **156-157 Alamy Images:** Juniors Bildarchiv GmbH. **158 Alamy Images:** petographer (bc). **159 Corbis:** Marion Fichter / imagebroker. **165 Getty Images:** Back in the Pack dog portraits / Flickr. **167 Alamy Images:** Vicki Beaver. **168-169 Dreamstime.com:** Alan Dyck (l). **169 Corbis:** Jean-Christophe Bott / Epa (ca). **171 Alamy Images:** Tierfotoagentur (t). **173 Fotolia:** Dogs (tl). **175 FLPA:** Gerard Lacz (t). **177 Dreamstime.com:** Wenbin Yu (r). **178-179 Alamy Images:** Harry Page. **182 Getty Images:** Datacraft Co Ltd (br). **183 Getty Images:** Don Mason / Blend Images

所有其他图片 ©Dorling Kindersley，更多信息见：www.dkimages.com